服装结构设计

（第2版）

主　编◎闵　悦
副主编◎冯　霖　邱书芬　刘洁林
参　编◎于江玲　陈美珍
主　审◎徐　仂

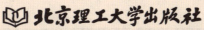

版权专有　侵权必究

图书在版编目（CIP）数据

服装结构设计 / 闵悦主编. —2版. —北京：北京理工大学出版社，2020.1
ISBN 978-7-5682-8090-7

Ⅰ.①服… Ⅱ.①闵… Ⅲ.①服装结构–结构设计–高等职业教育–教材　Ⅳ.①TS941.2

中国版本图书馆CIP数据核字（2020）第020583号

出版发行 / 北京理工大学出版社有限责任公司
社　　址 / 北京市海淀区中关村南大街5号
邮　　编 / 100081
电　　话 / （010）68914775（总编室）
　　　　　（010）82562903（教材售后服务热线）
　　　　　（010）68948351（其他图书服务热线）
网　　址 / http://www.bitpress.com.cn
经　　销 / 全国各地新华书店
印　　刷 / 定州市新华印刷有限公司
开　　本 / 787毫米 × 1092毫米　1/16
印　　张 / 12.5　　　　　　　　　　　　　　　　责任编辑 / 李慧智
字　　数 / 253千字　　　　　　　　　　　　　　文案编辑 / 李慧智
版　　次 / 2020年1月第2版　2020年1月第1次印刷　责任校对 / 周瑞红
定　　价 / 34.00元　　　　　　　　　　　　　　责任印制 / 边心超

图书出现印装质量问题，请拨打售后服务热线，本社负责调换

前 言

随着我国服装业的蓬勃发展,服装企业对服装专业人才的需求也越来越大,对服装院校而言,培养服装人才的担子也就越来越重。

现在服装学校所用的教材与市场总有一些脱节,不能够满足新形势下服装企业对服装人才的需求。在这种形势下,为了更好地服务于教学,满足服装企业工作人员和学生的自学需求,我们组织了一批在教育第一线工作的教师,编写了这本《服装结构设计》。本书可作为服装类各专业的教学用书,也可作为服装爱好者自学参考用书。

本书共三个部分十个章节。

第一部分包括第一章和第二章,第一章主要从服装结构设计的基本过程、基本概念、服装术语、符号、代号和熟悉服装制图工具与制图规则等基础知识入手,第二章是对人体的观察与分析、女性人体观察与测量、服装规格的设置和号型及号型系列知识进行阐述。

第二部分包括第三章和第四章,第三、四章主要对下装各类款式、历史及相关文化、款式的分类、款式制图原理、部位尺寸的测量、纸样展开原理及方法、立裁过程及主要原理、工艺流程进行分析和讲述。

第三部分包括第五章到第十章,通过对日本文化原型分析,系统地介绍了上衣的概念、分类以及立裁原型衣、立裁省道转移、省缝转移原理与方法,并列举了各种服装款式的纸样设计实例,如衬衫、马甲、西装、外套、连衣裙等,具有较强的实用性和可操作性。

上述三部分相辅相成,构成一部完整的服装结构设计教学用书。

本书内容丰富，男装女装相结合，图文并茂，简单易懂，充分反映了生产实际中的新知识、新技术和新方法。有详细的理论讲解和清晰的结构分析图，在教学上有较大的灵活性和适用性，便于全国各地根据教学的具体情况加以选用。

由于编者水平有限，加之时间仓促，书中难免有遗漏、错误及不足之处，欢迎专家、各专业院校师生和广大读者批评指正。

编　者

【目录】CONTENTS

第一章 服装结构设计概述 1
- 第一节 服装设计的基本过程 …… 3
- 第二节 服装设计的基本概念 …… 4
- 第三节 服装术语、制图符号、制图代号 …… 5
- 第四节 服装制图工具与制图规范 …… 8
- 第五节 立体构成与平面构成形式 …… 13
- 第六节 比例裁剪法与原型裁剪法对比分析 …… 15

第二章 服装人体的研究 17
- 第一节 人体的观察与分析 …… 19
- 第二节 女性人体观察与测量 …… 23
- 第三节 服装规格的设置 …… 27
- 第四节 号型及号型系列知识 …… 30

第三章 裙子的结构设计 35
- 第一节 裙子的概述 …… 37
- 第二节 基础裙 …… 39
- 第三节 A字形短裙 …… 42
- 第四节 双向褶裙 …… 44
- 第五节 节 裙 …… 46
- 第六节 两节鱼尾裙 …… 48
- 第七节 休闲长裙 …… 49
- 第八节 款式变化与纸样展开原理分析与方法 …… 51

第四章 裤子的结构设计 57
- 第一节 裤子的概述 …… 59
- 第二节 裤子的结构制图与工艺 …… 64
- 第三节 裤子原型及其结构变化 …… 71
- 第四节 单褶基本型男西裤 …… 75

第五章　男、女装原型的绘制　　77

第一节　上衣概述 …………………………………………………… 79
第二节　基础纸样 …………………………………………………… 81
第三节　省的转移 …………………………………………………… 86
第四节　胸省的构成及位移 ………………………………………… 94
第五节　男装原型 …………………………………………………… 99

第六章　男、女衬衫的结构设计　　101

第一节　男衬衫纸样设计 …………………………………………… 103
第二节　女衬衫的结构设计 ………………………………………… 115

第七章　连衣裙的结构设计　　123

第一节　V形领连衣裙 ……………………………………………… 125
第二节　多分割线连衣裙 …………………………………………… 127
第三节　旗袍裙 ……………………………………………………… 128

第八章　马甲的结构设计　　131

第一节　马甲的穿着起源及演变 …………………………………… 133
第二节　马甲分类与常用材料 ……………………………………… 135
第三节　马甲的结构设计 …………………………………………… 140
第四节　女式马甲的结构设计 ……………………………………… 147

第九章　男、女西装的结构设计　　151

第一节　男西装的知识介绍 ………………………………………… 153
第二节　男西装的结构设计 ………………………………………… 160
第三节　女西装的结构设计 ………………………………………… 165

第十章　男、女外套的结构设计　　169

第一节　男外套的穿着起源及演变 ………………………………… 171
第二节　男外套的分类与常用的材料 ……………………………… 174
第三节　男外套的规格设计 ………………………………………… 185
第四节　外套的结构设计 …………………………………………… 187
第五节　女大衣 ……………………………………………………… 192

第一章　服装结构设计概述

知识目标

　　了解服装设计的基本过程及服装设计、服装结构设计等相关概念。明确服装结构制图的基本知识，服装术语，制图符号、代号所表示的含义。熟悉服装结构制图基本工具、制图规范与要求。学习立体构成与平面构成，比例裁剪法与原型裁剪法的优势和劣势。

技能目标

　　掌握服装设计、服装结构设计的基本流程，找到服装与人体的结构关系，款式设计与结构设计的关系。掌握服装结构制图的规则，能正确识别和使用结构制图的基本符号和部位代号。合理分析与把握立体构成与平面构成、比例法与原型法之间的区别与联系。

情感目标

　　培养学生作为服装结构设计师应具备的基本素质和遵循的基本原则，提高学生服装制图规范性的操作方式。培养结构设计师在服装结构设计中选择最佳构成方法的能力，提高学生对服装结构设计的热情和期待。

第一章 服装结构设计概述

 思维导图

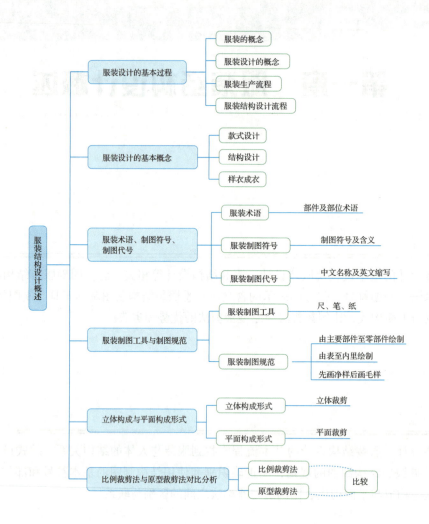

第一节 服装设计的基本过程

　　服装是一种源远流长的文化，它不是独立的个体，而是不断吸收各方面的艺术养分从而得到启发，宗教、科学、美术等文化都可以成为服装设计的灵感来源。它是人们时刻都离不开的生活必需品，不仅起着遮体、护体、保健、御寒、防暑等作用，而且还起着装饰、美化、标志等作用。同时，在一定程度上，反映着国家、民族和时代的政治、经济、科学、文化、教育水平以及社会风尚面貌。

　　服装设计是一项系统工程，它是由三大板块所构成的：服装外观款型设计、服装结构设计、服装缝制工艺设计。简单地说，服装设计的过程就是服装产品的款式、结构、工艺设计的过程。

　　服装生产流程：面、辅料进厂检验→款式设计→结构设计技术准备→裁剪→缝制→后道整理→整烫→成衣检验→包装→入库或出运。

　　其中与结构设计过程相关的流程形式和过程有：服装市场调查、解析 + 款式设计方案、分析与确认 + 结构设计方案、解构与确认 + 工艺设计方案、制作与确认 + 服装销售市场调查、解析。

第二节 服装设计的基本概念

　　服饰装扮包括内外衣、上下装，以及帽、鞋、袜、带、巾、首饰、包等种种服饰配件。这些服饰物品在很大程度上受所用的结构形式影响，这样自然就产生了服装的结构设计。

　　服装的结构设计是在分析款式设计的基础上，按款式设计的意图和要求，根据人体数据进行结构分析，并考虑服装对人体的放松度与孔隙度，最后绘制成样衣基样图，使服装的立体感受体现成平面化样版形式。简单地说，服装结构设计可以理解为是对服装结构的分解设计，是将款式设计的立体外观形态分解成二维状态平面的过程。服装结构设计既是外观款型设计的延续，也是缝制工艺的基础和技术文件，它处于服装系统工程设计的中间环节。

　　在进行服装结构设计的过程中，服装结构设计图（简称"服装制图"）就是通过对各部位的合理分析来选择准确分配的方案，绘制成符合服装款式造型特点的、能够准确反映出服装成衣设计意图与工艺要求的平面图。

　　因此，结构设计人员在进行服装的结构设计时，需从宏观角度上去做结构设计的全面性、合理性分析，考虑采用的结构形式是否能使设计达到和谐，即结构设计要使服装的设计产生总体和谐之美。结构设计师单凭灵感直觉和工作经验进行分析与构思是难以胜任的。因此，结构设计人员要学习和结构设计相关的理论知识，才能使服装结构的设计符合产品设计的要求。

第三节
服装术语、制图符号、制图代号

在我国不同地区有不同的服装习惯用语，给服装工业生产技术的推广以及专业人员之间的交流带来了麻烦。为促进我国服装工业生产技术向规范化方向发展，国家技术监督局于1995年颁布了《服装工业名词术语》即 GB/T 2557—1995 作为服装专业标准术语。

服装专业标准术语又称服装专用术语。常用的专业用语是在长期的工业生产实践操作中逐步形成的，下面介绍在工业生产中一部分常用的专业术语。

一、服装术语

① 无领：是一种衣领结构类型，指领结构设计中只有衣身领圈线状态的设计，又称领口线领型。

② 立领：是一种衣领结构类型，其封闭性较好，是保暖性服装常用的领结构形式。

③ 翻折领：是一种衣领结构类型，其前部呈敞开型且翻领部分与领座部分相连为一体，是各类服装中常用的领型。

④ 坦领：坦领属翻折领中一种领座较低的类型，具有较好的装饰性。

⑤ 装袖：是一种袖与衣身在袖窿处缝合的衣袖结构形式。

⑥ 连袖：是一种衣袖结构主要类型，是袖与衣身组合成一体的袖型。

⑦ 袖头：亦称克夫，原为装在袖口处使袖口能束紧的部件。现延伸为凡装于某部位能起束紧作用的部件都称克夫，如腰克夫、腿克夫等。

⑧ 袢：指装于服装中需固定的部位上，一般在上面钉扣或锁眼，常有肩袢、袖袢、腰袢、腿袢等，其形式有布料做成的布袢、线绳编织成的线袢、金属作成的钩袢等。

⑨ 串带：是袢的一种，亦称腰袢。其宽度多为 1~2 cm，形状有带状、琵琶状、方块状等。

⑩ 基本线：上衣裁剪制图的基本线，常指制图中的下平线。

⑪ 衣长线：与基本线平行的用于确定衣长的位置线，常常指上平线。

⑫ 落肩线：表示从上平线至肩关节的距离。

⑬ 胸围线：表示胸围或袖窿深的位置线。

⑭ 底边翘高线：在底部摆缝处，由底边向上高出的尺寸线。

⑮ 翻领松量：为使翻折领的翻领部分能按设计宽度自然地贴伏在衣身上而在翻领的前半部分和翻领的后半部分之间加入的量，有些作图方法是用角度来计算的，则此时应为翻领松度。

⑯ 上裆：裤装结构部位名称。裤装中对应人体前后腰部至会阴点之间的部位（亦称股上）的长度。

⑰ 下裆：一般下裆部位是指裤装中对应人体会阴点以下至足面部位的长度。

⑱ 横裆：是前后裤片中横向的最大量，大小与人体尺寸和款式造型有关。

⑲ 后裆捆势：指裤后片的裆缝倾斜的程度。
⑳ 挺缝线：是裤子结构部位名称，位于前后裤片中央的烫痕亦称烫迹线。

另外，还需要掌握与了解以下术语的概念与特点：门襟、暗门襟、嵌线袋、立体贴袋、插肩袖、灯笼袖、泡袖、斜裙、领窝线、领座、翻领、翻折基点、袖山、袖肥、袖肘、拔裆，等等。

二、服装制图符号

常用的服装制图符号，见表1-1。

表1-1 常用服装制图符号

制图含义	制图符号	制图含义	制图符号
临时省道（需转移，不实际缝合）		表示两片相重叠	
省道		将临时省道合并，转至剪开线外	
直角记号		表示需将纸样合并	
粘衬部位线		表示需将纸样水平展开，展开量为4cm，作为褶裥	
连接A、B两点		暗褶	
等分记号		单向褶	
裁剪线		贴边线	
对折线		辅助线	
归拢		经向记号	
拔开		毛向记号	

三、服装制图代号

常用的服装制图代号，见表1-2。

表1-2 服装制图代号

胸围	B	胸围线	BL
腰围	W	腰围线	WL
臀围	H	臀围线	HL
领围	N	肘线	EL
肩宽	SW	膝盖线	KL
头围	HS	前颈点	FNP
袖长	SL	侧颈点	SNP
袖窿周长	AH	后颈点	BNP
胸高点	BP	衣（裤）长	L
袖口	CW	裤口	SB

第四节 服装制图工具与制图规范

一、服装制图工具

服装制图的工具多种多样，在这里只介绍三个主要的制图工具：

1. 尺（如图1-1所示）

①直尺：长度应与制图台板相同，1 500 mm的长度为宜，可安装在制图台板上使用。

②三角尺：规格选用40 cm的为宜，内角都有一个90°，其余内角是两个45°或30°和60°。

③曲线尺（蛇尺）：如果有几个迹点不在一条直线上，又不在一个圆周上，要用一曲线把各点连接起来，这就需使用曲线尺。目前，市场上有一种"蛇尺"，由韧性塑胶材料制成，用其描绘曲线很便捷。

④弧形刀尺：刀尺上有刻度，可画弧线，也可测量弧线长度。

图1-1 尺子

2. 笔

①笔：在制版时应选用H~4H型的硬性铅笔，规格应选用0.3~0.5 mm的铅芯为宜。

②彩色水笔：在制版时使用三种颜色的水笔做标记及纱向符号。

③锤针笔：在制版时，使用锤针笔定位，可锤透所需层数的制版纸。

3. 纸

（1）图纸格式

①幅面规格：所有制图图纸的幅面，应符合"制图图纸尺码规格"表中的规定，见表1-3。

②图纸的格式：图纸不论是否装订，均要画出图框线，用细实线画出外边框线（0.3 mm 墨线）用粗实线画出内边框线（1 mm 墨线）。

图纸左侧留足装订位置，内外边框之间的距离是 $a=5$；$c=1$。比例关系是 5:1。例如，3、4、5 号图纸内外边框之间的距离是 $a=25$ mm；$c=5$ mm；或比例关系 5:2。例如，0、1、2 号图纸内外边框之间的距离是 $a=25$ mm；$c=10$ mm。必要时，允许加长 0~3 号图纸的长边，加长部分的尺寸应为长边的 1/8 及其倍数（如图1-2所示）。

表1-3 制图图纸尺码规格

单位：mm

幅面代号	0	1	2	3	4	5
$B \times L$	841×1 189	594×841	420×594	297×420	210×297	148×210
C	10	10	10	5	5	5
a	25	25	25	25	25	25

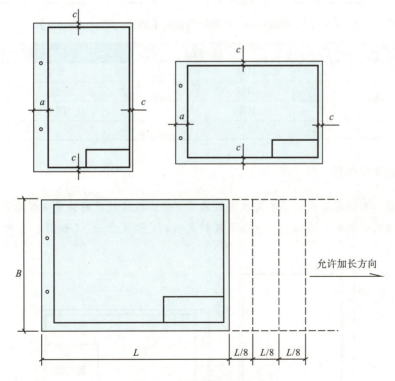

图1-2 制图的图纸格式

（2）标题栏目内容

①标题栏又称图标，大图标用于0、1、2号图纸上，位置在图纸的右下角；小图标用于3、4、5号图纸上，位置在图纸的右下角。

②标题栏的格式可按国际服装制图的标题栏格式填写，也可按图样内容的需要来填制（见表1-4、表1-5）。

表1-4　图纸标题栏——大图标的格式（幅宽：125mm/84mm）

单位名称			产品名称					
图名			号型					
			体型		部位	cm	部位	cm
设计者		日期	比例					
制图者		日期	面料					
描图者		日期	辅料					
校对者		日期						
审定者		日期						

表1-5　图纸标题栏——小图标的格式（幅宽：65mm/44mm）

图名					
设计		日期		单位	
制图		日期		比例	
描图		日期		图号	
校对		日期			

（3）图样排列布局

①图纸布局：图纸标题栏的位置应在图纸的右下角；服装款式图位置应在标题栏的上面或标题栏的左边；服装部件的制图位置，应在服装款式图的左边或上面。（如图1-3所示）

 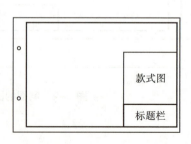

图1-3　图样排列布局

②服装结构制图的图样排列布局，应严格按照服装的使用方位进行排列，不允许倒置，如图1-4所示。

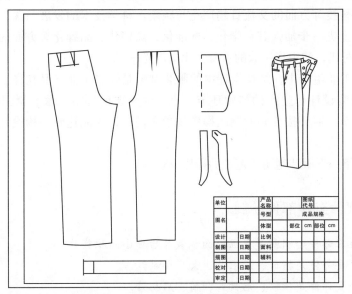

图1-4　服装结构制图的图样排列布局

③服装部件排料图的图样排列布局，应严格按照服装部件丝道的使用方向进行排列，不允许出现偏差，如图1-5所示。

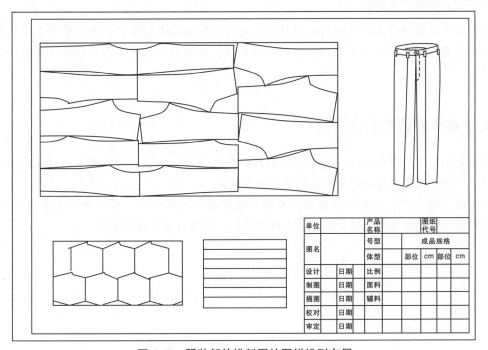

图1-5　服装部件排料图的图样排列布局

二、服装制图规范

我国的衣着文化是随着中华民族和世界文明的发展而发展的，特别是加入 WTO 之后，我国与世界各国在文化、科技等方面的交流日趋广泛与频繁。科学技术的发展与深入必然要求服装产业在设计、裁制技术上进一步加强其科学化、标准化、高档化、品牌化等方面的管理，以开创服装产业的新局面、新时代，使中华民族的衣着文化重放光彩。

在服装产品的工业生产中，结构设计中的服装制图是绘制工业产品初样、标准样和全套样的基础和根本，是服装设计与生产的初始环节，也是最重要的环节。服装制图是结构设计系统中不可缺少的初始环节，需要按准确的制图操作规程来进行，才能达到结构设计所要求的科学化与标准化。

下面简单地介绍一下服装制图规范性的操作方式：

1. 由主要部件至零部件绘制

由主要部件至零部件绘制就是先画大面积裁片后画小面积裁片。
①上装中的主要部件是指前、后衣片，大、小袖片。
②下装中的主要部件是指前、后裤片，前、后裙片。
③上装中的零部件是指领面、领里、挂面、口袋嵌线条、袋盖面、袋盖里、垫袋布、袋布等。
④下装中的零部件是指腰面、腰里、门襟、串带、垫袋布、袋布等。

2. 由表至内里绘制

由表至内里的绘制就是先绘制面料样版的制图，然后结合服装产品的工艺要求绘制出里料和衬料图。为达到样版或裁片之间整体的可操作性，在绘制时注意要与面料样版一起进行综合分析。

3. 先画净样后画毛样

在服装制图中，净样版是指服装产品的样版中不含缝份量值和折边量值的样版。而毛样版是指包含了缝制时的工艺缝份量和折边量在内的样版。

制图时一般先画出产品的净样版，再按工艺缝制的具体要求，加放所需缝份及折边用量，完成毛样版之后还要在绘制好的毛样版上注明纱向、裁片数量等样版属性。

第五节 立体构成与平面构成形式

长久以来，服装结构设计一直采用比例法与原型法，如今服装立体剪裁技术取得了突飞猛进的发展。当然，作为最原始的、最基本的结构设计方法——立体剪裁技术与平面剪裁有着较大的技术区别。对于立体裁剪而言，人台标记的准确性与面料纱向的准确运用是最为重要的因素之一，操作较为烦琐、费时。服装立体结构合理的分解，需要设计师经过大量的、感性的审美感觉的训练。既要保证款型的视觉效果，还要具有美化人体的效果，这里自然对设计师的技术水平有很高的要求了。

如今的结构设计人员已具备了相当的结构平面化处理的能力（如图1-6所示）。立体剪裁技术的掌握可更为准确地表现服装的款式与造型。毫无疑问，片面地强调立体构成方法或者平面构成方式的重要作用都是错误的，两者之间可完美地形成互补。

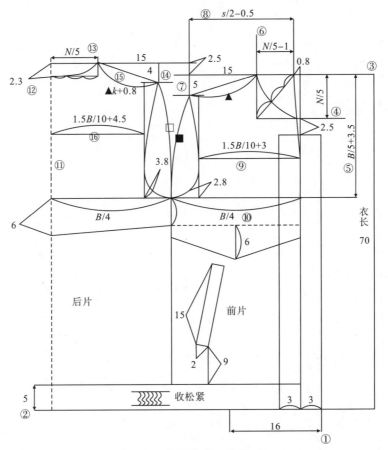

图1-6　平面构成　单位：cm

那么我们在服装的结构设计中如何选择最佳的构成方法呢？这需要合理分析与把握立体与平面之间的区别与联系。

服装结构设计的掌握一般以立体裁剪为基础，通过形态的数据化分析，从而适应比例裁剪法与原型裁剪法等平面裁剪方式的学习。目前，立体裁剪技术的应用范围越来越广，甚至其研发进度已经与平面裁剪技术并驾齐驱。服装结构设计立体构成如图1-7所示。

图1-7 服装结构设计立体构成

第六节 比例裁剪法与原型裁剪法对比分析

一、比例裁剪法

比例裁剪法是在测量人体主要部位尺寸后，根据款式、季节、材料质地和穿着者的习惯加上适当放松量得到服装各控制部位尺寸，再以这些控制部位的尺寸按一定比例公式推算其他细部尺寸来绘制裁剪图的方法。

比例裁剪法是我国服装制造业中普遍采用的一种直接的平面裁剪方式，适用于款式简单、整体或局部结构变化少的服装。目前，被我国很多服装企业中的制版师广泛采用。

二、原型裁剪法

原型裁剪法是以立体裁剪方式为构成基础的一种间接的平面裁剪方法，它首先需要绘出合乎人体体型的基本衣片，即"原型"，然后按款式要求在原型上做加长、放宽、缩短等调整来得到最终裁剪图。

这种方法相当于把结构设计分成了两步：第一步是考虑人体的形态，得到一个合适的基本衣片——原型；第二步是考虑款式造型的变化，对基本衣片（原型）进行变形。原型的建立使服装的结构剖析过程直观地在原型上做调整，减小了结构设计的难度，所以原型裁剪法是一种间接式的裁剪方式，也可以说是立体裁剪形式与平面裁剪形式的结合。这种方法在国际上被广泛使用，适用于各种款式的结构设计。

三、两种方法的比较

1. 比例裁剪法

比例裁剪法（如图 1-8 所示）以成衣尺寸为中心，对整体尺寸的把握较严谨。但用加放过的胸围等尺寸推算其他部位的尺寸会有一些误差。

在款式变化较大时，需要调整计算公式，对于不熟练的学习者会有一定的难度，但这种方法方便，可直接快速地在衣料上落图剪裁。

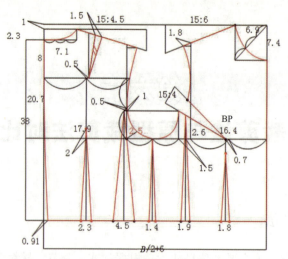

图1-8 比例裁剪法 单位：cm

2. 原型裁剪法

原型裁剪法（如图1-9所示）在确定原型时，可以剔除款式变化的影响；有基本的合体衣片做基础，非常适合用于变化较大的款式，以及提高对结构设计理论的应用能力。

原型绘制形式也是采用比例分配的方法，所以它们又是相通的，应对两种方法深入了解和熟练掌握。

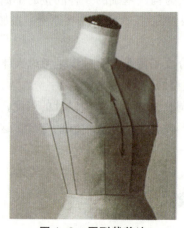

图1-9 原型裁剪法

第二章　服装人体的研究

了解人体观察的三个阶段、人体测量技术的发展、测量的姿势及注意事项、测量内容及测量部位。充分理解女性人体骨骼构造、人体的肌肉与脂肪对服装结构的影响。掌握服装规格与号型的设置标准。

学会运用人体测量的相关理论知识进行实际人体测量，从静态方面处理好服装结构与人体体型结构的配合关系，从动态方面处理好女装的适体性。掌握服装规格与号型设置等相关知识。

通过动手进行实际的量体体验，提高学生学习兴趣，体会服装结构设计的乐趣。使学生学会观察人体特征、理解人体与服装结构的关系。能正确设计或使用服装规格与号型。

第二章

服装人体的研究

 思维导图

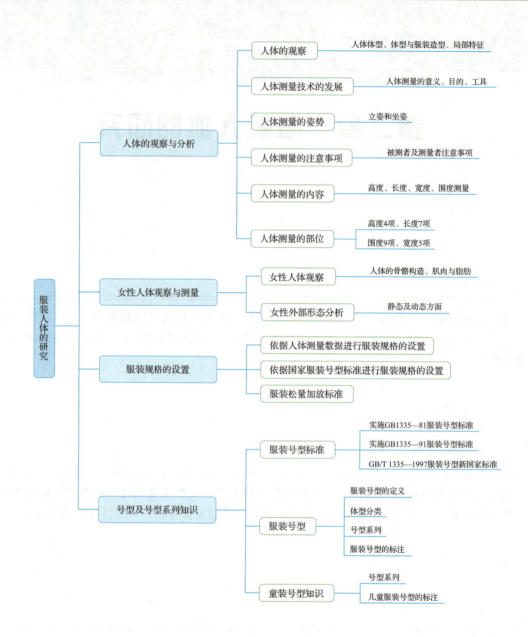

第一节 人体的观察与分析

一、人体的观察

在人体测量之前需要对所测量对象进行全面的人体观察。即对所要测量的人体进行从整体到局部的目测与分析以做好人体测量前的准备，人体观察过程其实就是对被测量人体体型特征进行的心理认知过程。

人体观察内容一般分三个阶段进行：

其一，以正常人体体态为标准，去观察测量对象的个体特征，分析外部形态特点，判断其属于正常体型还是特殊体型。

其二，观察与服装造型相关的局部特征，并分析是否具有反身体、曲身体、平肩或溜肩等特点。其三，对所观察对象的局部特征进行比较，确定与服装相关的廓形与省量、长度与比例以及松放量等内容。

观察与分析人体是为了更准确地进行人体测量，人体测量是对观察分析后的人体各部位尺寸和形状再进行一个量化处理的操作过程。

其实对人体测量知识的掌握还包括对人体测量术语、人体测量的方法、人体测量数据的统计和应用等方面。

二、人体测量技术的发展

服装规格尺寸的确定是服装裁剪与制作的基础，而"量体"则是服装规格设置的裁剪最基本的要求。任何一个时装款式，由于量体、裁剪的好坏不同，都将产生完全不同的效果。因此，对于所有学习服装裁剪制作的人来说，掌握量体裁衣的基本知识，对做出质量上乘、合体美观的服装，实在是至关重要的。

为进行比较精确的人体测量并获得全面而细致的人体数据资料，对人体的测量有一维、二维、三维之分。如马丁测量法是测量人体一维方向尺寸的测体法，马丁测量仪如图2-1所示。

根据测量仪器及方法的不同，测量值的性质亦不同，其技术操作上有手工测量、接触式三维数字化测量、非接触式三维数字化测量三种方法。

非接触测量法是测量人体时测量工具与人体不直接接触的测体方法。一般来说，莫尔等高测体法、轮廓摄像法、三维全息测体法都属于此类方法。如莫尔等高测体法是运用光干涉原理在人体上形成木纹状曲线，根据木纹曲线的浓淡来确定人体曲面凸凹程度的非接触式三维测体法。三维人体扫描仪如图 2-2 所示。

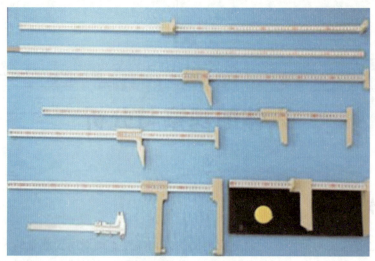

图 2-1　马丁测量仪

图 2-2　三维人体扫描仪

三、人体测量的姿势

我们知道每种测量方法都有各自统一的测量要求。那么被测量者在被测量时一般取立姿或坐姿形式，如图 2-3 所示。

①立姿：两腿并拢，两脚自然分成开，全身自然伸直，双肩放松，双臂下垂自然贴于身体两侧。测量者位于被测者的左侧。按照先上装后下装，先长度后围度，最后测量局部的程序进行测量。

②坐姿：上身要自然伸直并与椅子垂直，小腿与地面垂直，上肢自然弯曲，双手平放在大腿之上。

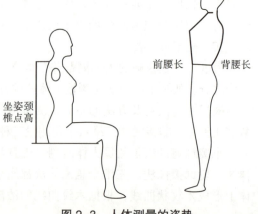

图 2-3　人体测量的姿势

四、人体测量的注意事项

量体以前，首先必须对人体主要部位进行仔细观察。量体时，应注意以下几点：

①要求被量者站立端正，姿势自然，不要深呼吸。
②围量横度时，应注意皮尺不要拉得过松或过紧，要保持水平。
③围量胸围时，被量者两臂垂直；围量腰围时要放松腰带。
④冬季做夏季服装，或夏季做冬季服装，在量体时应根据顾客要求，适当缩小或放大尺寸。
⑤量体时要注意观察好体型特征，有特殊部位要注明，以备裁剪时参考。
⑥不同体型有不同要求，体胖者尺寸不要过肥或过瘦，体瘦者尺寸要适当宽裕一些。
⑦量体要按顺序进行，以免漏量。
⑧被测量者应姿态自然放松，最好在腰间水平系一条定位腰带。
⑨净尺寸测量：被测者应只穿基本内衣，测得尺寸是人体尺寸而非成衣尺寸。
⑩定点测量：测量时要通过基准点或基准线，例如，测胸围时，软尺应水平通过胸高点（BP），测手臂长时应通过肩点、肘点和腕骨突点。
⑪围度测量：软尺要松紧适宜，既不勒紧也不松脱地围绕体表一周，注意保持水平。
⑫长度和宽度测量：应使软尺随人体起伏，而不是测量端点之间的直线距离。

五、人体测量的内容

从测量方向上分析，人体的测量分为以下的测量内容：高度测量与长度测量；围度测量与宽度测量。具体内容如下：

①高度测量：是指由地面至被测点之间的垂直距离。如总体高、身长等。测量时皮尺应与人体有一定距离，且皮尺与人体轴线相平行。
②长度测量：是指两个被测点之间的距离，如衣长、腰节长、裙长等。测量时注意被测点定位要准确，以及考虑款式特点等。
③宽度测量：是指两个被测点之间的水平距离，如胸宽、背宽、肩宽等。测量时考虑宽度的确定要与款式特点与风格相协调等内容。
④围度测量：是指经过某一被测点绕体一周的长度，是在自然呼吸的状态下进行绕体测量。如胸围、腰围、臀围、颈围等。绕体测量时皮尺要注意呈水平状态，松紧程度要适宜；需考虑人体必要活动所引起的围度变化。

六、人体测量的部位（如图2-4所示）

①身高——人体立姿状态下，头骨顶点垂直量至脚跟平齐的直线距离，也称总体高。是设计服装长度规格的参量。
②颈椎点高——人体立姿状态下，颈椎点至地面的直线距离，也称总长。是设计连衣裙、风衣、大衣等长度规格的参量。
③坐姿颈椎点高——人体坐姿状态下，颈椎点至椅子面的直线距离，也称上体长。是设计衣长的参量。

第二章

服装人体的研究

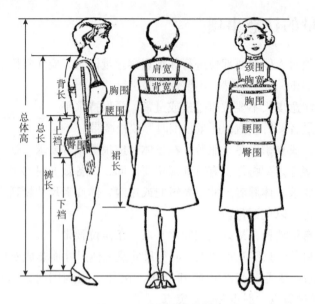

图 2-4　人体测量的部位

④腰围高——由腰部最细处量至地面，也称下体长，是设计裤长的参量。

⑤全臂长——肩端点至颈凸点的距离，是设计袖长的参量。

⑥后背长——由后颈点（第七颈椎点）沿后中线顺背部形态线测量至腰节线的量。

⑦腰臀长——从人体体侧的腰节线量至臀围线之间的距离。

⑧前腰节长——依人体的胸部曲面形状，由肩颈点经乳峰点量至腰节线之间的距离。

⑨后腰节长——由侧颈点经肩胛凸点，向下量至腰节线位置。

⑩头围——用皮尺围量前额和后枕骨一周的长度。

⑪颈根围——用皮尺围量前颈点、侧颈点（肩颈点）、后颈点一周的长度。

⑫胸围——过胸部最丰满处用皮尺平量一周乳峰线（BPL）的长度。

⑬腰围——用皮尺水平绕腰部最细、最凹处平量一周的长度。

⑭臀围——用皮尺水平围量臀部最丰满处一周的长度。

⑮臂根围——经过肩端点和前后腋窝点围量一周的长度。

⑯臂围——水平围量上臂最丰满处一周的长度。

⑰腕围——用皮尺围量腕部一周的长度。

⑱掌围——拇指并入手心，用皮尺围量掌部最丰满处一周。

⑲全肩宽——自左肩端点经过后颈点量至右肩端点的距离。

⑳后背宽——人体背部左右后腋窝点间的距离。

㉑前胸宽——人体胸部左右前腋窝点间的距离。

㉒乳下寸——自肩颈点至乳峰点间的距离。

㉓乳间距——两乳点之间的距离。乳下寸与乳间距可确定出服装胸省的位置。

㉔衣长：从紧贴颈部的肩缝处量起，通过胸部到紧贴身体下垂的大拇指中带。

㉕裤长：从髋骨以上 6 cm 处量至离地面 3 cm 处。短裤从腰部最细处量起，向下至膝盖以上 10~13 cm 处。

第二节 女性人体观察与测量

 一、女性人体观察

服装要适体就要了解人体的生理构成，研究正常人体形态结构，研究人体运动器官的形态结构，把握运动对人体形态结构的影响及影响服装功能结构的相关因素，这就需要关注人体解剖学方面的知识。下面从对服装有较大影响的人体骨骼、肌肉与脂肪入手来进行人体生理构造的观察分析。

 1. 人体骨骼构造

从男女性别的角度来看：男性的人体骨骼通常比女性粗壮，特别是肩骨宽，胸骨厚，四肢骨骼粗长。女性的肩部和胸廓较窄，四肢较纤细。男女骨骼差异最大的是骨盆：男性的骨盆窄而臀平，而女性的骨盆宽而臀凸。女体的骨骼如图2-5所示，男女体型差异如图2-6所示。

从人体的横断面的角度来看：男性胸廓宽厚，骨盆窄且方。女性胸廓扁窄，但乳房凸出，腰围纤细，骨盆扁宽。一般男性肩宽比臀宽宽14~16 cm，而女性肩宽比臀宽只宽2~5 cm。了解这些将有助于表达性别区分性明显的合体性服装。女体横截面特征如图2-7所示。

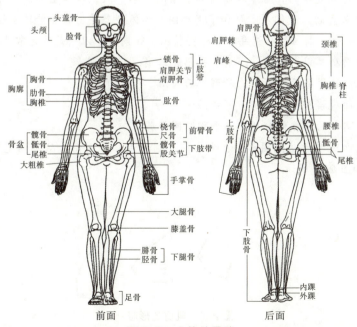

图2-5 女体的骨骼

第二章

服装人体的研究

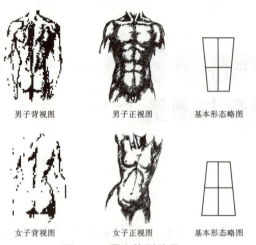

图 2-6　男女体型差异

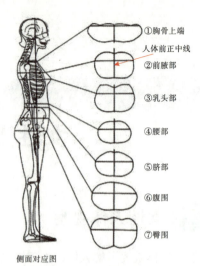

图 2-7　女体横截面特征

 2. 人体的肌肉与脂肪

　　一般男性的身高通常比女性高 5~10 cm，体重比女性重 5~15 公斤。男性的肌肉发达，线条轮廓明显有力；而女性的轮廓柔和圆润（女性脂肪较男性稍厚；男性的肌肉占体重的 42%，脂肪占 18%；女性的肌肉占体重的 36%，而脂肪却占 28%）。

　　一般女性皮下脂肪的堆积有两个阶段：第一个阶段是 16~18 岁在身材发育基本成熟后，开始积存少量脂肪；第二个阶段是 25~30 岁以后，特别是生育后再次堆积脂肪。其中女性脂肪较易堆积的部位依次为女性的腰部两侧、臀部下围、髋骨两侧、腹部上下、胸部下侧和外侧、大腿内外侧。这些部位的脂肪堆积对女性的体表形态产生极大的改变。

　　人体外表形态是较复杂的，每个人都有其基本的形态，认识人体主要的外部形态与服装造型的相关性是非常有必要的。我们应了解和掌握我国人体体型差异、各年龄段女性体型特征（少女体型特征、青年女性体型特征、中老年女性体型特征）等内容。以下是较为常见的人体不同特征：

①肩部：从正面观察肩部形态：溜肩、平肩、耸肩；
　　　　从肩的横截面分析：前肩形、后肩形。

②胸部：从侧面观察胸部：反身、屈身；
　　　　从胸部的横截面分析：扁平胸、圆厚胸。

③乳房：从侧面观察乳房：圆盘形、半球形、圆锥形、下垂形；从乳沟宽度可分为：宽形、窄形。乳房形态如图 2-8 所示。

图 2-8　乳房的形态

④腰部：腰部可分为直身腰、细腰。
⑤腹部：腹部可分为扁平形、肥满形、消瘦形、垂腹形。
⑥臀部：从后面观察：六角形、三角形、蛋形、直筒形；从侧面观察：扁平形、下垂形、标准形、后翘高挺形。臀部形态如图2-9所示。

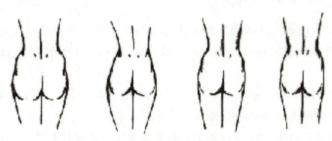

图2-9　臀部的形态

一般情况下：少女多为纤细的直筒形；青年女性多为曲线玲珑的椭圆形；运动员多为肌肉发达的三角形；中年以后多为脂肪堆积形成的六角形。

总之，人体各部位不同的形态决定了女装设计和裁剪的多样性、复杂性与独特个性。针对不同的体型要"量体裁衣"，在设计服装时要扬长避短，寻找能平衡功能与美观的切入点，利用个性裁剪和材料的特性弥补体型的不足之处，同时又起到装饰美化体型的作用。

二、女性外部形态分析

人体体表是人体外部的表层曲面的总称。而人体的测量也就是对人体体表的计测，是对人体体表的点、线、面进行测量的工作。人体测量狭义上是指静态计测，而广义上可以理解为对人体静止状态的"静态计测"和人体运动状态的"动态计测"。

女装是直接服务于女性人体的，而且必须适应人体的动态性，因此，结构设计首先受到女性人体结构、人体体型、人体活动、运动规律及人体生理现象的制约。女装结构的适体性，即合体适穿的实用性要求，要把握静态和动态两个方面。

1. 从静态方面处理好服装结构与人体体型结构的配合关系

女性人体有以下特点可影响女装的结构：
①女性肩窄而斜，窄于臀部。
②女性胸部呈凸起状，乳峰位显著而且相对受胸衣影响较大。胸部截面偏正方形。
③女性腰位比男性偏高且腰围小，胸腰差、腰臀差比男性大，变动幅度大，上衣适宜收腰省显示女性人体特点。
④女性髋宽臀凸，上衣摆围变化幅度大，上衣摆围设计不宜过小。
⑤女体人体的体型特点使女装整体造型以X型、A型和H型为主，以显示女性的体态美。

2. 从动态方面处理好女装的适体性

女装结构设计的静态适体性，是指女性人体在相对静止情况下的三维空间形态。可是无论从女性的体型结构、性格习惯还是种种人体活动等因素观察，女性人体均呈现较为复杂的复曲面立体状，总是处于动多、静少，而且活动量、运动量都不相同，放松量也自然就受到很多因素的影响。

要把握好女装结构设计的适体性，就必须对女体进行观察与分析。在运用服装号型标准进行成衣规格设计的时候，要充分注意女装结构设计适体性的动态要求，以满足人们对功能性、舒适性方面的需求。

"量体裁衣"概括了人体结构与服装设计之间的联系。即衣片形态的构成要符合人体的体型特点及心理要求，同时服装造型也要符合人们的审美要求。

因此，对人体生理、心理的观察与认识、测量与研究是掌握服装结构设计的基础。

第三节 服装规格的设置

在进行服装的结构设计时，要有效利用面料的特性去表现服装款式与造型，要在了解人体特征、掌握好人体运动状态的基础上，正确设置服装规格尺寸。

一、依据人体测量数据进行服装规格的设置

进行服装的结构设计时，必须依据测量的人体尺寸数据来进行服装成衣的规格设置，也就是说经过测量获得的人体尺寸数据是确定和设置服装规格的基本依据。

人体的高度是计算人体各长度部位的相关参量系数。如颈椎点高、坐姿颈椎点高、全臂长、腰围高等，是设置服装长度规格（如衣长、袖长、裙长、裤长等）的基本依据。

人体的围度如人体胸围和人体腰围也是计算人体各围度、宽度部位的相关参量系数，如颈围、总肩宽、臀围等是设置如胸围、领围、肩宽、腰围、臀围等规格的基本依据。

二、依据国家服装号型标准进行服装规格的设置

在服装产业迅猛发展的今天，国家服装号型标准既是服装生产中成衣规格设计以及消费者选购服装的重要依据之一，又是服装产品设计、生产和销售都需要遵循的技术法则。

服装成品规格设置主要是控制部位规格的设置，服装主要部位的规格，上装指衣长（L）、胸围（B）、腰围（W）、臀围（H）、肩宽（S）、领大（N）、袖长（SL）等，下装指裤（裙）长（TL/SL）、腰围（W）、臀围（HL）、上裆长（BR）等。其数值大小决定服装的规格属性，是具体服装规格的主要构成成分，细部规格往往以控制部位的比例形式来计算其数值。

例如，规范的女西装穿着应限制内穿衣服，一般只穿衬衫或再加西装马甲。其风格有较宽松型和较贴体、贴体型三种，一般以前两者为多见。其规格设计如下：

A. 衣长 =0.4 身高 +6~12 cm（较短的取 6~8 cm，较长的取 10~12 cm）；

B. 胸围：
- 较宽松风格胸围 =（净胸围 + 内穿衣厚度）+15~20 cm，
- 较贴体风格胸围 =（净胸围 + 内穿衣厚度 2 cm）+10~15 cm，
- 贴体风格胸围 =（净胸围 + 内穿衣厚度）+6~10 cm；

C. 肩宽：
- H 形肩 =0.3 胸围 +12~13 cm，
- T 形肩 =0.3 胸围 +14~16 cm；

D. 领围 =（0.25+ 内穿衣厚度）+18~20 cm；

E. 袖长 =0.3 身高 +7~8 cm；

F. 胸腰差大于 10 cm 小于 24 cm，其臀胸差大于等于 0，小于等于 6 cm。

又如，旗袍的风格是女装中较独特的，衣长一般应达到脚面，胸围一般为贴体型，领型为高立领，胸腰差一般为净胸围和净腰围的差数。在规格设计中：

A. 衣长 =0.6 身高 +25~30 cm；

B. 胸围 = 净胸围 +4~6 cm；

C. 肩宽 =0.3 胸围 +11~12 cm；

D. 领围 =（0.25 净胸围 + 内穿衣厚度）+15 cm 左右；

E. 其领后高为 4.5~5.5 cm，前高为 3.5 cm 左右；

F. 装袖时短袖长 =0.15 身高 +0~4 cm；

G. 长袖长 =0.3 身高 +5~6 cm；

H. 摆衩长度一般不高于臀围线以下 15 cm；

I. 小襟的宽度在摆缝处应大于等于 3 cm 而小于等于 6 cm。

三、服装松量加放标准

在实际制图中，服装规格需要根据具体情况来设置，不同部位要加放各不相同的松量值。下表为男、女日常服装的测量、放松量及其间隙的参照值（见表 2-1、表 2-2）。

表 2-1 男日常服装的测量、放松量及其间隙参照值

单位：cm

品 种	测量部位		放松量	间 隙
	衣（裤）长	袖 长	胸围、臀围	
中山装	拇指中节	腕部至虎口之间	12~16	2~2.7
西装	拇指中节至拇指尖	腕下量 1	10~14	1.7~2.3
春秋装	虎口至拇指中节	腕下量 2	12~16	2~2.7
夹克衫	虎口向上量 3	虎口上量 3	15~18	2.5~3
中式罩衫	拇指中节	腕部至虎口之间	14~17	2.3~2.8
长袖衬衫	虎口	腕下量 2	12~16	2~2.7
短袖衬衫	虎口向上量 1	肘关节向上量 3	12~16	2~2.7
长大衣	膝盖线向下量 10	拇指中节	20~24	3.3~4
中大衣	膝盖线	虎口	20~24	3.3~4
短大衣	中指尖	虎口	18~24	18~4
风雨衣	膝盖线向下量 10	虎口	20~24	3.3~4
长西裤	腰节线向上量 3 至离地面 3 处		8~14	1.3~2.3
短西裤	腰节线向上量 3 至膝盖线以上 10 左右		8~14	1.3~2.3

第三节 服装规格的设置

表 2-2 女日常服装的测量、放松量及其间隙参照值

单位：cm

品　种	测量部位		放松量	间　隙
	衣（裤）长	袖　长	胸围、臀围	
单外衣	腕下量 3 至虎口	腕下量 2 左右	10~14	1.7~2.3
女西装	腕下量 3 至虎口	腕下量 1 左右	8~12	1.3~2
女马甲	拇指中节至拇指尖	腕下量 2 左右	12~18	2~3
中式罩衫	腕下量 3 至虎口	腕下量 2 左右	10~14	1.7~2.3
长袖衬衫	腕下量 2	腕下量 1	8~12	1.3~2
短袖衬衫	腕部略向下	肘关节向上量 3~6	8~12	1.3~2
中袖衬衫	腕部略向下	肘、腕之间略向下	8~12	1.3~2
长大衣	膝盖线向下量 10 左右	虎口	18~24	3~4
中大衣	膝盖线	虎口向上量 1	16~22	2.7~3.7
短大衣	中指尖	腕下量 3	15~20	2.5~3.3
风雨衣	腕下量 10 左右	虎口	20~24	3.3~4
连衣裙	膝盖线向下量 10 左右	肘关节以上量 3~6	8~12	1.3~2
西装裙	腰节线以上量 3 至膝盖线以下 7 之间		6~10	1~1.7
长西裤	腰节线以上量 3 至离地面 3 处		6~12	1~2

第四节 号型及号型系列知识

一、服装号型标准

我国服装号型标准对成衣制造业的振兴、发展以及走向世界，都起到了极大的推动作用，它的发展主要经历了以下三个阶段。

1. 实施 GB 1335-1981 服装号型标准

我国 GB 1335-81 服装标准是从 1974 年开始，对全国 21 个省市 40 万人经过两年的体型测量调查后，运用科学的数学理论进行大量的数据分析、计算、归纳，总结出我国人体数据的规律后，于 1981 年制定、1982 年 1 月 1 日实施的第一套国家服装标准。这个标准历经近 10 年的实施与推广，促进了我国服装产业的发展。

2. 实施 GB 1335-1991 服装号型标准

伴随改革开放，服装产业出现了一些新的变化，在服装标准（GB 1335-1981）的使用过程中产生了一些矛盾。为完善 GB 1335-1981 服装标准，1991 年 7 月 17 日经过国家技术监督局的批准，颁布了由 GB 1335-1981 改进的 GB 1335-1991《服装号型》国家标准，1992 年 4 月 1 日起全国开始统一实施。

3. GB/T 1335-1997 服装号型新国家标准

随着社会的进步，我国服装产业迅猛发展，人们的着装要求、工业技术水平及服装营销方式较以往有了很大的改变，也对 GB 1335-1991 服装号型标准提出了进一步修改和完善的要求。GB/T 1335-1997 新标准于 1997 年 11 月 13 日国家技术监督局批准，在 1998 年 6 月 1 日正式开始实施。新标准在前标准的基础上做了一定的删改与补充。

国家服装号型标准系列先后制定和修订了几次，最新的国家标准 GB/T 1335-1997 已和国际标准接轨。

该标准在修订中取消了 5.3 系列、人体各部位的测量方法以及测量示意图。标准中主要有 GB/T 1335.1-1997、GB/T 1335.2-1997、GB/T 1335.3-1997 几大内容。

第四节 号型及号型系列知识

在新标准的修订中为使服装标准的儿童装标准在内容上更加系统性、完整性，增加了婴幼儿号型标准部分。新增部分以身高 52 cm 为起点到 80 cm 为终点，作为婴幼儿的号型标准。

随着服装的设计和生产逐步向正规化方向发展，服装商品在国内和国际的流通范围不断扩大，对服装的款式、品种、档次、质量的要求越来越高，服装方面的技术交流也日益频繁，这就要求建立一套系统的、科学的和规范的服装号型标准并和国际标准接轨。

二、服装号型

1. 服装号型的定义

号型标识一般选用人体的高度（身高）、围度（胸围或腰围）加上体型类别来表示，是专业人员设计制作服装时确定其尺寸大小的参考依据。那么，号、型的概念具体指的是什么呢？

①号：是指人体的身高，是以 cm 为单位表示的，是设计和选购服装长短的依据。

②型：型是指人体的上体胸围和下体腰围，是以 cm 为单位表示的，是设计和选购服装肥瘦的依据。

2. 体型分类

我国国家号型标准中将成人的体型分为四大类，是以人体的胸围与腰围的差数为依据来划分的。

（1）我国成年人体型分类

①服装标准中成年人体型分类用 Y、A、B、C 表示：

Y 型：是肩宽、胸大、腰细的体型，又称运动员体型。

A 型：是胖瘦适中的普遍体型，又称标准体型。

B 型：是微胖体型，又称丰满体型。

C 型：是胖体型。

②男子、女子体型分类代号及范围见表 2-3、表 2-4。

表 2-3 男子体型分类代号及范围

单位：cm

男子体型分类代号	Y	A	B	C
男子胸围与腰围之差数	22~17	16~12	11~7	6~2

表 2-4 女子体型分类代号及范围

单位：cm

女子体型分类代号	Y	A	B	C
女子胸围与腰围之差数	24~19	18~14	13~9	8~4

（2）进口的服装中常标有 Y、YA、A、AB、B、BE、E

① "Y" 型代表胸围与腰围相差 16 cm；
② "YA" 型表示胸围与腰围相差 14 cm；
③ "A" 型表示的胸围与腰围相差 12 cm；
④ "AB" 型表示胸围与腰围相差 10 cm；
⑤ "B" 型表示胸围与腰围相差 8 cm；
⑥ "BE" 型表示胸围与腰围相差 4 cm；
⑦ "E" 型表示胸围与腰围相等。

而在身长中，"1" 代表 150 cm；"2" 代表 155 cm；"3" 代表 160 cm；"4" 代表 165 cm；"5" 代表 170 cm；"6" 代表 175 cm；"7" 代表 180 cm；"8" 代表 185 cm；那么 "A5" 也就代表胸围与腰围相差 12 cm，身高 170 cm 的概念了。

另外，按国家标准规定，服装在进行结构设计、生产和销售时，必须标明号型和体型。如男装中间标准体上装 170/88A、下装 170/74A，是配套上下装服装规格的代号或标志。170 为号，表示身高 170 cm；88、74 分别表示净体胸围 88 cm，净体腰围为 74 cm；A 为体型分类代号，表示胸围和腰围的落差值在 16~12 cm 范围内。套装系列服装，上装和下装必须分别有号型和体型分类标志。

3. 号型系列

号型系列是在服装批量生产中制定规格以及购买成衣的参考依据。号型系列是以各体型中间体为中心向两边依次递增或递减组成的。

号型系列中身高以 5 cm 为分档值组成系列——即 "5" 表示 "号" 的分档数值。上装号型系列中，每 5 cm 为一档，每档的适用范围以该号上下加减 2cm 确定。如男子 170 号，即指服装适合 168~172 cm 身高的男子穿着。女子 160 号，即指服装适合 158~162 cm 身高的女子穿着。

选购上装时，服装的型是表示胸围。胸围以 4 cm 分档组成系列——即 "4" 表示 "型" 的分档数值。如男上装中 88 型，即表示服装适合胸围在 86~89 cm 之间的人。女上装中 84 型，即表示服装适合胸围在 82~85 cm 之间的女子。身高与胸围搭配分别组成 5.4 号型系列。

选购下装时，服装的型表示腰围。下装类号型系列中腰围以 4 cm 或 2 cm 分档组成系列，如男下装型为 74，即表示服装适合腰围在 72~75 cm 或 73~74 cm 之间。女下装中型为 64，即表示服装适合腰围在 62~65 cm 或 63~64 cm 之间。身高与胸围、腰围搭配分别组成 5.4 或 5.2 号型系列。

4. 服装号型的标注

在市场销售的服装产品须标明服装的号型及人体分类代号。号型的标注应上、下装分别标明，且采用号与型之间用斜线分开，后接体型分类的代号的形式，即 "号 / 型、体型分类代号"。

例如，女上装标注 160/84A 中的 160 代表 "号"（身高），表示本服装适合于身高在 158~162 cm，84 代表上体的型（人体胸围），表示紧胸围在 82~85 cm 之间的人穿着，A 代表体型分类特点，指人体胸腰差数为 14~18 cm 的体型。

女下装标注 160/68A，表示该号型的裤子适合于身高在 158~162 cm，紧腰围在 67~69 cm 之间，"A" 表示胸围与腰围的差数为 14~18 cm 体型的女性穿着。

三、童装号型知识

1. 号型系列

（1）7.4 和 7.3 号型系列

身高 52~80 cm 的幼儿，身高以 7 cm 分档，胸围以 4 cm 分档，腰围以 3 cm 分档，分别组成 7.4 和 7.3 系列。

（2）10.4 和 10.3 号型系列

身高 80~130 cm 的儿童，身高以 10 cm 分档，胸围以 4 cm 分档，腰围以 3 cm 分档，分别组成 10.4 和 10.3 系列。

（3）5.4 和 5.3 号型系列

身高 135~155 cm 女童，135~160 cm 男童，身高以 5 cm 分档，胸围以 4 cm 分档，腰围以 3 cm 分档，分别组成 5.4 和 5.3 系列。

2. 儿童服装号型的标注

儿童服装的号型标注是号与型之间用斜线分开。童装只由身高和胸围组成，无体型分类代号。如童上装中 150/68 是指身高 150 cm，胸围约 68 cm 的儿童适宜；同样下装 150/60，其中 150 代表身高，60 代表腰围。由于儿童处于不断成长的阶段，服装的松量设置与成年人的不同，号型的标注中不标体型的分类代号。

有关详细的内容请查阅 GB/T 1335.1-1997~GB/T 1335.3-1997 服装号型标准，GB/T 15557-1995 服装术语，GB/T 16160-1996 服装人体测量的部位与方法，FZ/T 80009-1999（原 GB/T 6676-1986）服装制图等。表 2-5 为日本女子尺寸参考数据。该尺寸是根据日本文化服装学院的计测资料和日本工业规格（JIS）的人体尺寸，从多方面加以研究计算出来的数值，可作为尺寸设置的参考。

表 2-5 日本女子尺寸参考数据

部位		S		M			L		LL	EL
		5YP	5AR	9YR	9AR	9AT	13AR	13BT	17AR	17BR	21BR
身围尺寸/cm	胸围（B）	76		82			88		96		104
	胸下围（UB）	68	68	72	72	72	77	80	83	84	92
	腰围（W）	58	58	62	63	63	70	72	80	84	90
	臀上围（MH）	78	80	82	86	86	89	92	94	100	106
	臀围（H）	82	86	86	90	90	94	98	98	102	108
	臂根围（抬肩）	35		37			38		40		41
	臂围	24		26			28		30		32
	肘围	26		28			29		31		31
	手腕围	15		16			16		17		17
	掌围	19		20			20		21		21
	头围	54		56			56		57		57
	颈围	35		36			38		39		41
宽度尺寸/cm	背肩宽	38		39			40		41		41
	背宽	34		36			38		40		41
	胸宽	32		34			35		37		39
	乳头点之间隔	16		17			18		19		20
长度尺寸/cm	身高	148	156	156	164		156	164	156		156
	总长	127	134	134	142		134	142	135		135
	背长	36.5	37.5	38	395		38	40	39		39
	后长	39	40	40.5	42		40.5	42.5	41.5		41.5
	前长	38	40	40.5	42		41	43.5	43		44.5
	乳下长	24		25			27		28		29
	腰长	17		18		19	18	19	18		19
	股上	25		26		27	27	28	28		30
	股下	63	68	68	72		68	72	68		67
	袖长	50		52		54	53	54	54		53
	肘长	28		29		30	29	30	29		29
	膝盖长	53	56	56	60		56	60	56		56
体重/kg		43	45	48	50	52	54	58	62	66	72

第三章　裙子的结构设计

知识目标

　　了解裙子的概念、特点、分类。学习基础裙、A字形短裙、双向褶裙、节裙、两节鱼尾裙、休闲长裙的款式特征、制图规格及要点。掌握裙子款式变化与纸样展开原理的分析与方法，如合体裙、半圆裙、整圆裙、分割裙、褶裥裙、组合裙等裙子结构变化设计。

技能目标

　　掌握基础裙、A字形短裙、双向褶裙、节裙、两节鱼尾裙、休闲长裙的结构绘制，根据裙子款式结构变化原理，从而绘制出合体裙、半圆裙、整圆裙、分割裙、褶裥裙、组合裙等变化款裙子结构。并要求学生能达到专业结构制图的规范与要求。

情感目标

　　培养学生裙子结构制图与纸样制作的能力，达到专业制图比例准确、图线清晰、标注规范的要求。培养学生灵活运用款式结构变化原理，提升款式审视分析与调控能力，达到举一反三的能力。

第三章

裙子的结构设计

思维导图

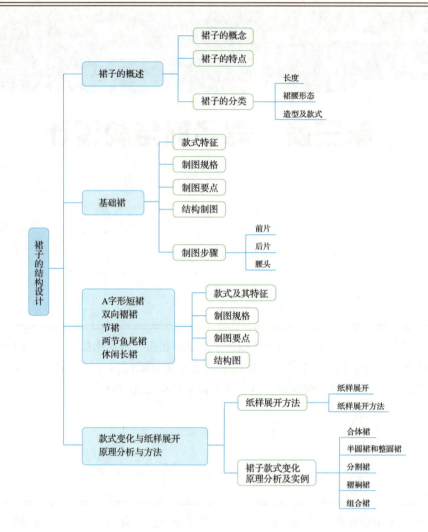

第一节 裙子的概述

一、裙子的概念

裙子是指围裹在人体腰节线以下部位的服装，无裆缝。

二、裙子的特点

①一般给女性穿着（除特殊情况：苏格兰男裙及舞台男裙等）。
②包裹在女性腰节线以下部位的服装。
③可以有多种形式存在：独立的形式或连衣裙中腰节以下部位。

随着社会的发展，生活方式的变化，人们崇尚个性和流行相结合，裙装在日常生活、工作场所、社交晚会上都受到广大女性的青睐。

现代裙子主要有套装裙、连衣裙及独立穿着的裙子，它除了长度的变化外，还有形态上的变化。随着生活的多样化，设计和面料等都发生着快速的变化，同时，随着社会氛围变得日益宽松，目前，进入了张扬个性的着装时代，今后的裙子无论是面料还是设计，方法上都会变得越来越多样化。

三、裙子的分类

裙装的款式千变万化，种类和名称繁多，根据不同的角度有不同的分类。

1. 根据长度分类（如图 3-1 所示）

裙子根据长度不同可分为超短裙、短裙、及膝裙、中长裙、长裙、拖地长裙等。

图 3-1 根据长度分类

2. 根据裙腰的形态分类（如图3-2所示）

裙子根据裙腰的形态可分为低腰裙、无腰裙、装腰裙、高腰裙、中（齐）腰裙、连腰裙等。

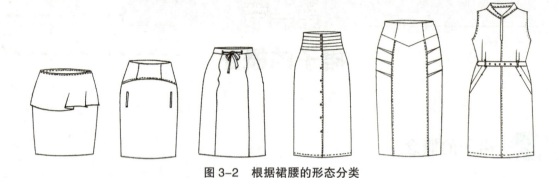

图3-2　根据裙腰的形态分类

3. 根据造型及款式分类（如图3-3所示）

裙子根据造型及款式可分为筒裙（H形）、窄裙（Y形）、喇叭裙（A形）、鱼尾裙（S形）、收腰大摆连衣裙（X形）等。

图3-3　根据造型及款式分类

第二节 基础裙

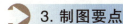基础裙制图

1. 款式特征（如图 3-4 所示）

整体为直筒形。

腰头：齐腰，缉腰。

裙片：前后片左右各设两个省道后开中缝，装拉链，后开衩。

图 3-4 直筒裙款式

2. 制图规格

号型：160/68A
裙长：60 cm
臀围：94 cm
腰围：68 cm

3. 制图要点

臀围线的确定：由上平线向下 18~20 cm 做上平线的平行线。

腰省设置：取腰围线（上翘修顺过的）的三等分处做省道，长度在 8~11 cm，宽为 1/3 的臀腰差。

落腰：在后中线上落腰 0.6~1 cm。

腰翘：由上平线与腰围线的交点向上 0.7~1 cm。

第三章 裙子的结构设计

 4. 结构制图（如图3-5所示）

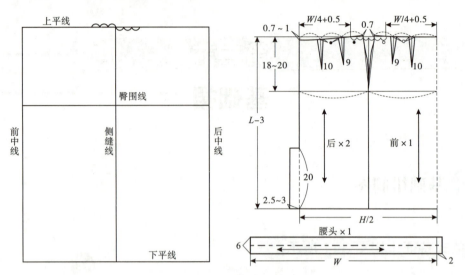

图3-5 直筒裙结构 单位：cm

 5. 制图步骤

（1）前片

前中线：与人体对称轴相对应，是画腰围、臀围的基础线。
上平线：垂直于前中线做一条水平线。
下平线：垂直于前中线做另一条水平线，距离上平线 $L-$ 腰头宽（3）$=57$ cm。
臀围线：由上平线向下 $18\sim20$ cm 做上平线的平行线。
臀宽线：在臀围线上量取 $H/4+1$ cm 做前中线的平行线。
腰围线：在上平线上量取 $W/4+1$ cm，将臀腰差三等分，取两份为省道量。
腰翘：由上平线与腰围线的交点向上量 $0.7\sim1$ cm。
省道：取腰围线（上翘修顺过的）的三等分处做省道，长度在 $8\sim11$ cm，宽为 $1/3$ 的臀腰差。
侧缝线：由上翘点起微微凸出修顺至下平线。

（2）后片

后中线：与前中线平行。
上平线：垂直于后中线做一条水平线。
下平线：垂直于后中线做另一条水平线，距离上平线 $L-$ 腰头宽（3）$=57$ cm。
臀围线：由上平线向下 $18\sim20$ cm 做上平线的平行线。
臀宽线：在臀围线上量取 $H/4-1$ cm 做后中线的平行线。
腰围线：在上平线上量取 $W/4-1$ cm，将臀腰差三等分，取两份为省道量。

腰翘：由上平线与腰围线的交点向上量 0.7~1 cm。
落腰：在后中线上落腰 0.6~1 cm。
省道：取腰围线（上翘修顺过的）的三等分处做省道，长度在 9~13 cm，宽为 1/3 的臀腰差。
侧缝线：由上翘点起微微凸出修顺至下平线。
后开衩：在后中线上从下平线起向上量取 20 cm，在此位置做后中线的垂线，宽度为 2~3 cm。

（3）腰头

长：腰围 + 搭门宽 + 松量。
宽：2.5~3 cm。

第三节 A字形短裙

 A字形短裙制图

 1. 款式及其特征（如图3-6所示）

整体为A字形。

腰头：齐腰，绱腰。

裙片：前后片左右各设一个省道后开中缝，装拉链，后开衩。

图3-6 A字裙款式

 2. 制图规格

号型：160/68A

裙长：45 cm

臀围：94 cm

腰围：70 cm

第三节　A字形短裙

3. 制图要点（如图 3-7 所示）

腰省设置：取腰围线（上翘修顺过的）的 2 等分处做省道，长度在 8~11 cm，其余臀腰差在侧缝去除。

落腰：在后中线上落腰 0.6~1 cm。

腰翘：由上平线与腰围线的交点向上 1.5 cm 左右，比基础裙大。

底边起翘：在 2.5 cm 左右，主要因为侧缝放摆较大，需保证侧缝与底边成直角从而使底边连接顺畅。

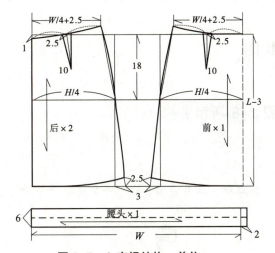

图 3-7　A 字裙结构　单位：cm

第四节 双向褶裙

双向褶裙制图

1. 款式特征（如图 3-8 所示）

整体为 A 字形。
腰头：齐腰，绱腰。
裙片：前片育克分割，打双裥，后片左右各设一个省道后开中缝，装拉链，后开衩。

图 3-8 双向褶裙款式

2. 制图规格

号型：160/68A
裙长：45 cm
腰围：70 cm
臀围：94 cm

3. 制图要点

以A字形裙结构图为基础进行育克分割线的设计，以视觉美为准高低可以调节。分割线上为育克，省道合并后必须修顺腰口线和分割线，省道剩余部分在侧缝消除。前片褶裥量的多少决定裙摆的活动量，一般在12~15 cm。

4. 结构制图（如图3-9、图3-10所示）

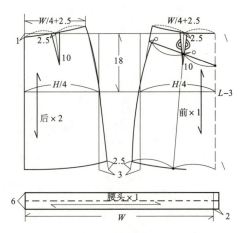

图3-9　双向褶裙结构　单位：cm

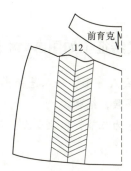

图3-10　前片育克图和前片展开　单位：cm

第五节 节裙

 节裙制图

 1. 款式特征（如图 3-11 所示）

整体上呈 A 字形，给人蓬松感。

腰头：齐腰，绱腰。

裙片：分为三节，依次变大，很多碎褶。

图 3-11　节裙款式

 2. 制图规格

号型：160/68A

裙长：74 cm

腰围：70 cm

3. 制图要点

整个裙长和每节裙片的长度可大略按黄金分割分配，使整体呈现美的状态。后腰口线比前腰口线低落1cm，理由与基础裙相同。

4. 结构制图（如图3-12所示）

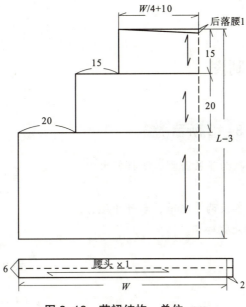

图3-12　节裙结构　单位：cm

第六节 两节鱼尾裙

两节鱼尾裙制图

1. 款式特征（如图 3-13 所示）

整体上呈鱼尾状，上半段为半紧身型，下摆较大。

腰头：齐腰，绱腰。

裙片：前后裙上片左右各设两个省道，后开中缝，装拉链，后开衩，下摆分割处收碎褶。

2. 制图规格

号型：160/68A

裙长：85 cm

腰围：70 cm

臀围：94 cm

3. 制图要点

在基础裙片的基础上变化得来，加长裙长，分割线的高低可以调整，一般在 25~30 cm。

下摆结构图可由分割后的裙片剪开展开得来，详见结构图。

4. 结构制图（如图 3-14 所示）

图 3-13 两节鱼尾裙款式

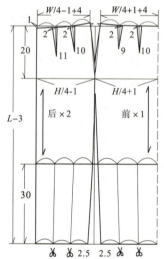

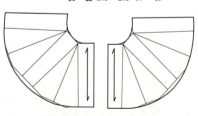

前摆展开图　后摆展开图

图 3-14 两节鱼尾裙结构　单位：cm

第七节 休闲长裙

休闲长裙制图

 1. 款式特征（如图 3-15 所示）

整体上较宽松，给人休闲自在的感觉。

腰头：齐腰，绱腰。

裙片：前裙片左边纵向长分割线，下开衩，右边一个省道，明贴袋，带袋盖，压明线，后开中缝，左右各两个省，装拉链。

图 3-15　休闲长裙款式

 2. 制图规格

号型：160/68A

裙长：85 cm

腰围：70 cm

臀围：94 cm

3. 制图要点

裙长较长，下摆内收一定的量，基于功能性和穿着行走方便在分割线下开衩。

臀围分配以前加后减 1 cm，腰围分配以前加后减 2 cm 调节侧缝线的位置，使整体比例协调而美观。

4. 结构制图（如图 3-16 所示）

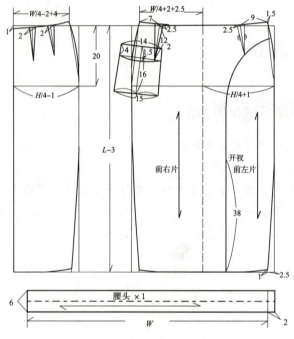

图 3-16　休闲长裙结构　单位：cm

第八节 款式变化与纸样展开原理分析与方法

一、纸样展开方法

1. 纸样展开

①复制基本纸样,加入分割线,切开纸样,在另一张纸上拷贝出展开后的纸样形状。
②在基础纸样上加入分割线,在别的纸样上一边移动纸样一边绘制新的纸样。

2. 纸样展开方法

(1)合并省展开法(如图 3-17 所示)

①把全部的省量都闭合,省量转移至下摆。
②根据下摆展开量的大小来确定省量闭合的多少(如图 3-18 所示)。

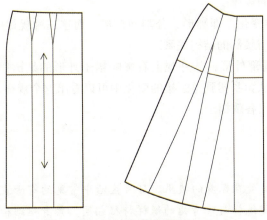

图 3-17 合并省展开法　　　　　　图 3-18 下摆展开量

(2)以基点为圆心展开法(扇形展开)(如图 3-19 所示)

(3)上下差异展开法(梯形展开)(如图 3-20 所示)

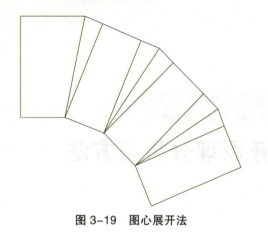

图 3-19　图心展开法　　　　　　　图 3-20　上下差异展开法

（4）平行展开法（长方形）（如图 3-21 所示）

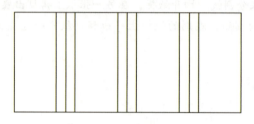

图 3-21　平行展开法

二、裙子款式变化原理分析及实例

裙子的造型变化和其他事物一样，总有它固有的规律。

从表面看，裙子的造型是沿三个基本结构规律变化，即廓形、分割和打褶。而这三种规律中决定造型的是廓形，制约廓形的因素是裙子的廓形与腰部的结构关系。

具体到裙子的廓形，可以理解为服装总体的局部外形，从外观上看影响裙子外形的是裙摆，而实质上制约裙摆的关键在于裙腰线的构成方式。从紧身裙到整圆裙的变化中可以看出这个规律。

裙款变化以基础裙为基础，从基础直身裙变化出各款裙子。

1. 合体裙

紧身裙在裙子造型中，是一种特殊结构，正好处在贴身的极限。日常生活中常见的有西装套裙、一步裙、窄摆裙等。由此可见，基础直身裙纸样与紧身裙的纸样特征相同，紧身裙结构如果用基础裙纸样代替的话则需要增加一些功能性设计，即为了达到穿脱方便要在裙子上端装拉链，在后中下端设计开衩，以便于行走方便。

半紧身裙在臀部以上基本合体，臀部以下可以变化较大。

基础裙纸样制图见本章第一节。

基础裙变化步骤如图 3-22 所示。

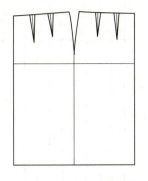
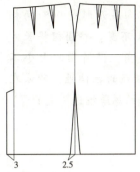

图 3-22　基础裙变化一步裙　单位：cm

基础裙变化 A 字裙如图 3-23 所示。
基础裙变化斜裙如图 3-24 所示。

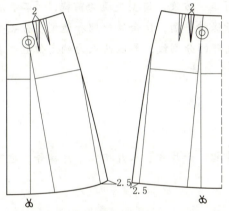

图 3-23　基础裙变化 A 字裙　单位：cm

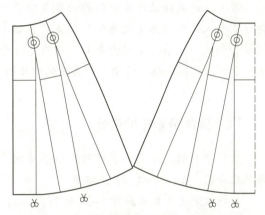

图 3-24　基础裙变化斜裙　单位：cm

2. 半圆裙和整圆裙

半圆裙是指裙摆的阔度正好是半个圆（如图 3-25 所示）。整圆裙是指裙摆的阔度正好是一个圆，是整体裙摆结构的极限（如图 3-26 所示）。

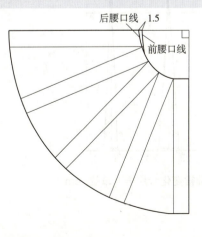

图 3-25　半圆裙　单位：cm

第三章
裙子的结构设计

半圆裙将长方形均匀展开形成90°角相互垂直，保持腰的大小不变。整圆裙将长方形均匀展开形成180°角，保持腰的大小不变。由于面料斜纱有很强的拉伸性，所以在斜纱部位，要根据面料的厚薄缩进一定的量。

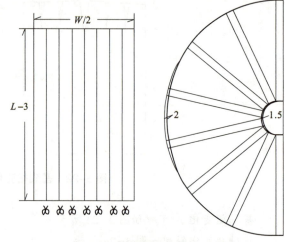

图3-26　整圆裙　单位：cm

3. 分割裙

（1）分割造型的原则

人体的体型特征是服装的分割线及其制图的依据。

第一，分割线设计要以结构的基本功能即穿着舒适、方便，造型美观为前提；第二，在纵向分割与人体凹凸点不发生明显偏差的基础上，尽量保持平衡，使余缺处理和造型在分割中达到结构的统一；第三，横向分割，特别是在臀部、腹部的分割线，要以凸点为确定位置。在其他部位可以依据合体、运动和形式美的综合造型原则去设计。

（2）竖线分割裙的设计

竖线分割裙就是我们通常所称的多片裙。如四片裙、六片裙、八片裙、十片裙等，也可采用单数分割，如三片裙、五片裙等。

基础裙变化六片裙如图3-27所示。

基础裙变化八片裙如图3-28所示。

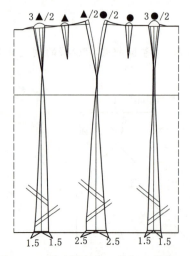

图3-27　基础裙变化六片裙　单位：cm

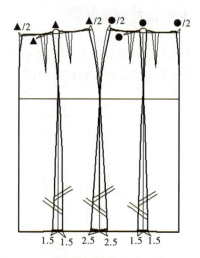

图3-28　基础裙变化八片裙　单位：cm

4. 褶裥裙

（1）褶的造型

省和分割线都具有两重性：一是合身性，二是造型性。从结构形式上，打褶也具有这种两重性。换句话说，省和断缝可以用打褶的形式取代，它们的作用相同，而呈现出来的风格却不一样。这就是说褶的作用同样是为了余缺处理和塑形而存在的，然而褶却使服装造型更具时尚感，褶具有的运动感和装饰性以及多层性的立体效果是其他方式没有的。

（2）褶的分类特点

褶大体上分两种：一是自然褶；二是规律褶。自然褶具有随意性、多变性、丰富性和活泼性的特点，它本身又分两种，波形褶和缩褶，使其外向而华丽；规律褶表现出秩序的动感特征，其本身也分两种，普力特褶和塔克褶，使其内向而庄重。基础裙变化对褶裙如图3-29所示。

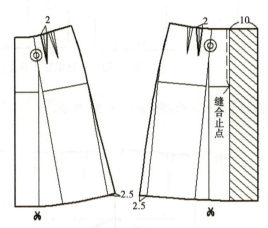

图3-29　基础裙变化对褶裙　单位：cm

5. 组合裙

组合裙从结构上看具有综合特征，通常是由分割和褶的方式组合，即分割与自然褶、分割与规律褶、自然褶和规律褶与分割的共同组合等。

（1）分割线与自然褶的组合裙

以表现分割线为主，在结构上需做余缺处理，并要充分表现分割线的特征，褶则起烘托分割线的作用。

以表现褶为主，分割线是打褶的必要手段。一般采取分割线和褶并重的选择。

（2）分割线与缩褶的组合裙

该设计以分割线为主，形式为不平衡分割，成为前身一片、后身两片、侧身各一片的五片结构。缩褶的部分在侧腰，将前后两省和侧缝省合为缩褶量，使分割出的侧裙袋增加立体性和实用性。在两侧分割线中并入另一省，并增加裙摆成为A字裙廓形，开口设在后腰中线上。

自然褶是缩褶和波形褶的综合形式，因此，在结构处理上也是兼并的。由于该结构的宽松程度较大，可利用直接采寸的方法设计。这种有节奏的多褶设计，集华丽、飘逸、自然于一身，因此，多用在晚礼服和半正式裙装的设计中。

基础裙变化育克分割对褶裙如图3-30所示。

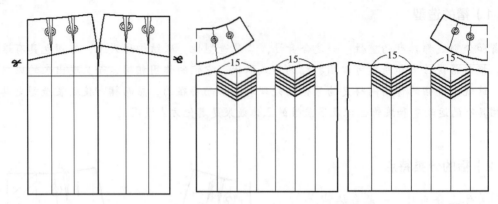

图3-30　基础裙变化育克分割对褶裙　单位：cm

基础裙变化波形褶裙如图3-31所示。

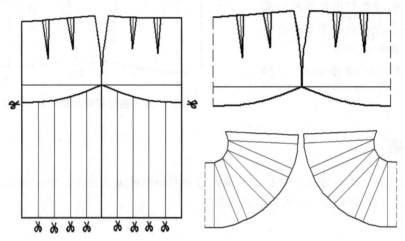

图3-31　基础裙变化波形褶裙

第四章　裤子的结构设计

　　了解裤子的概念、历史变迁、分类。测量与裤子结构相关的人体关键部位，熟记裤子的结构制图与工艺，如女式西裤、女式直筒裤、女牛仔裤的款式特征、规格设计、制图要点与制图步骤。掌握裤子原型及其廓形结构变化，明确单褶基本型男西裤的结构绘制方法。

技能目标

　　充分理解裤子结构设计原理，掌握裤子变化款的结构设计与纸样制作能力，达到专业制图的标准与规范。基于裤子结构变化原理，从而达到举一反三、灵活运用的能力，为后期的裤子缝制工艺做好样版的准备。

　　培养学生建立服装结构与人体之间的联系，学会观察分析不同裤子款式之间的差异，并能进行相应的结构设计与纸样制作。

第四章
裤子的结构设计

 思维导图

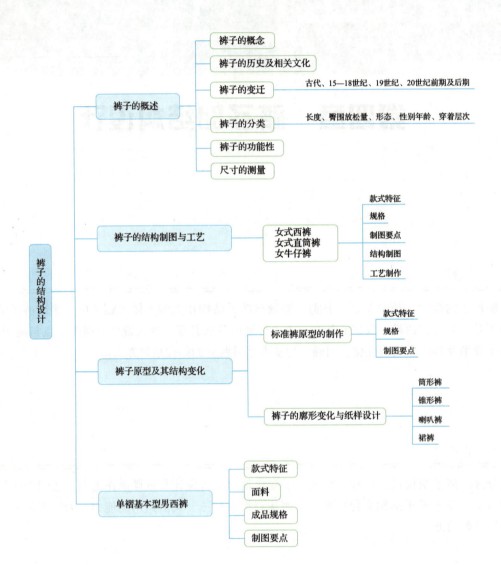

第一节 裤子的概述

一、裤子的概念

裤子是指人体自腰以下的下肢部位穿着的服饰用品，在我国有传统的中式裤和外来的西式裤。西式裤属于立体型结构，它的形状轮廓是以人体结构和体表外形为依据而设计的，在裤子制图中一般有 5 个控制部位，即裤长、腰围、臀围、膝围、脚口。

二、裤子的历史及相关文化

裤子是双腿为分别被包覆形态时的下身服装。其历史也是最长的。女性裤子造型的出现是从 20 世纪开始的。

裤子的名称随时代的变迁而变化，不过一般主要分为日常生活着裤和礼服裤，还有与毛衣、衬衫组合穿着的单品西裤。女裤的变化与男裤相同。

三、裤子的变迁

1. 古代

裤子本来是游牧民族的基本服装造型，是为了适应骑马生活的男性下半身穿着的服装，最初起源于亚洲，为了适应狩猎、战争的需要和为了防止身体受到寒冷、沙尘侵袭。在北方人们穿着瘦小、紧身的裤子，在南方人们穿着肥大、宽松的裤子。

13—14 世纪欧洲进入中世纪，裤子作为战争服装和劳动服装，女性裙造型款式中的连裤袜被男性所采用，男子们穿着紧身且左右颜色不同的长筒袜。

2. 15—18 世纪（近代）

16 世纪，作为男性下装款式的裤子呈蓬松圆形，类似于灯笼短裤的样式。17 世纪的巴洛克时期、18 世纪的洛可可时期，灯笼裤的圆形逐渐变小，裤长变长。18 世纪的法国革命时期，灯笼形短裤是皇室贵族的穿着，社会下层阶级穿着长裤。

第四章

裤子的结构设计

3. 19 世纪（近代）

进入 19 世纪，随着英国模特传入法国，从灯笼形短裤演变到长裤，流行穿马靴戴锥形帽。这之后，在绅士服装中长裤成为固定款式，一直持续到现代。

4. 20 世纪前期（近代）

19 世纪末，一方面，西装与西裤作为男士日常穿着，与现代的款式大致相同。另一方面，在女性中盛行自行车运动，喜欢自行车远行的女性也在增加，半长裤也随之流行。热爱运动的女性、进入社会工作的女性、喜爱游玩的女性不断增加，20 世纪的服装在功能性方面变得更加舒适，女式长裤也随之流行。

5. 20 世纪后期（现代）

第二次世界大战后，女性的地位已经提高，女性进入社会和参与运动的热情提高，流行裤长至脚踝，比较紧身的裤子款式（斗牛士裤），年轻人尤其喜欢穿着。1968 年圣罗兰秋冬发布会上，伊夫·圣罗兰发布的长裤套装，不仅方便实用，而且已逐渐成为社交场合的正式穿着。另外，美国劳动者穿着的牛仔裤在年轻人中比较流行，无论男女裤，根据裤长、设计、材料的不同，都可以有各种各样的款式变化。在现代，轻松方便的服装开始流行，更强调服装的功能性。

四、裤子的分类

裤子的种类很多，品种也很多，根据观察角度的不同、造型的不同、款式的不同、裤长及材料和用途的不同，可以产生不同的分类方式。

1. 按长度分类

裤子按长度分类，分为迷你裤、短裤、中裤、中长裤、吊脚裤以及长裤，如图 4-1 所示。

① 超短裤：裤长 ≤ 0.4 号 −10 cm 的裤装。
② 短裤：裤长 0.4 号 −10 cm~0.4 号 +5 cm 的裤装。
③ 中裤：裤长 0.4 号 +5 cm~0.5 号的裤装。
④ 中长裤：裤长 0.5 号 ~0.5 号 +10 cm 的裤装。
⑤ 长裤：0.5 号 +10 cm~0.6 号 +2 cm 的裤装。

2. 按裤装臀围加放松量分类

按照裤装的臀围加放松量，裤子可分为贴体裤、合体裤、宽松裤等，如图 4-1 所示。

① 贴体型裤：裤臀围的松量为 0~6 cm 的裤装。
② 较贴体裤：裤臀围的松量为 6~12 cm 的裤装。

③较宽松裤：裤臀围的松量为 12~18 cm 的裤装。
④宽松裤：裤臀围的松量为 18 cm 以上的裤装。

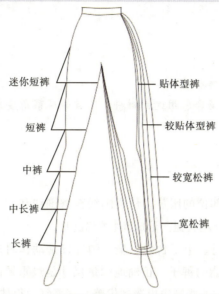

图 4-1　裤装按臀围加放松量和长度分类

3. 按形态分类

按照形态分类，裤子可分为直筒裤、萝卜裤、喇叭裤、裙裤等，如图 4-2 所示。
①瘦脚裤：裤口量 ≤ 0.2H-3cm 的裤装。
②裙裤：裤口量 ≥ 0.2H+10cm 的裤装。
③直筒裤：裤口量 =0.2H~0.2H +5cm，中裆与裤口量基本相等的裤装。
④喇叭裤：中裆小于脚口的裤装。
⑤萝卜裤：中裆大于脚口的裤装。

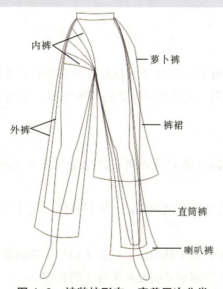

图 4-2　裤装按形态、穿着层次分类

第四章 裤子的结构设计

4. 按性别年龄分类

裤子按性别年龄可分为男裤、女裤和童裤等。

5. 按穿着层次分类

裤子按穿着层次可分为内裤和外裤。
除此之外,还可以按穿着场合、用途、材料、民族等观察角度来分类。

五、裤子的功能性

裤子是包覆着大部分下肢部位的服装。从腰围线至臀围线和裙子穿着大致相同,从臀围线以下则细分成左右裤筒分别包覆着左右腿而形成筒状的造型。

臀关节、膝关节是进行步行、上下台阶、坐、蹲等日常动作时运动量特别多的部位。为了不妨碍运动,制作成具有良好功能的裤子,正确地测量尺寸是最重要的,在准确的尺寸基础上根据款式加入松量进行绘制结构图,才能制作出造型优美、穿着舒适得体的裤子。

动作分析:日常动作(坐、蹲、前屈、上下台阶等)运动较多的部位是前后裆部、臀部、膝部等部位,为了适应这些动作,准确测量后裆部尺寸的长度是很重要的,坐时前裆部将产生多余的松量,站立时后裆部尺寸过长就会产生多余的松量,所以若只考虑穿着舒适性,那么必然失去穿着的美观性。制作既要美观又要舒适的裤子,必须充分考虑人体动与静的状态,再根据不同造型与用途来进行结构设计和缝制。

体型观察:即使下肢围度尺寸相同的体型,若从侧面来观察的话,体型上也有不同的差异。要充分观察被测者腰部的厚度、臀部的起翘、大腿及大腿部凸出的形态,在制图中加以考虑是很重要的。

六、尺寸的测量

测量时,被测者应穿着紧身裤,女性穿适当高度的高跟鞋,在腰围处加入细带标注其位置,并保持水平。对于腹部比较凸出、大腿部较发达的特殊体型,在测量时要预估出多余量,以防止尺寸的不足。

测量的部位和测量的方法:

裤长:测量从腰围线到脚踝处的直线距离。以这个尺寸为基准,根据设计要求进行适当的增减。

下裆长:从耻骨点最下端直线测量至脚踝处。测量该部位尺寸时把直尺一侧夹在裆部最佳,测量时也要注意保持直尺水平。

上裆长:根据计算得出。用裤长(基础值)减去下裆长(基础值)。

臀长:从腰围线至臀围线(臀部最丰满处水平线)的长度。

总裆长：从腰围前中心线通过裆下量至腰围后中心线的长度。
大腿围：大腿部最粗部位一周的长度。
膝围：膝关节中央一周的长度。
小腿围：小腿围最丰满处外围一周的长度。
脚腕围：脚踝外围一周的长度。

第二节 裤子的结构制图与工艺

一、女式西裤

1. 款式特征

装腰头，五根袢带，前裤片有褶裥和尖省各一个，后裤片左右各收两个省道，侧缝处装直插袋各一个，前开门襟，装拉链，造型挺拔美观（如图4-3所示）。

2. 规格

号型：160/68A
裤长：98 cm
臀围：100 cm
腰围：70 cm
脚口：20 cm

图4-3 女式西裤款式

3. 制图要点

（1）裤装上裆部运动松量的设计（如图4-4所示）

根据人体下体运动变形量分析，人体后上裆的运动变形率为20%左右，按标准计算运动变形量为4.5~5 cm，这个量在裤装的结构处理中为：人体后上裆运动变形量（裤装后上裆运动松量）= 后上裆垂直倾斜角增大产生的增量 + 上裆长增量 + 材料弹性伸长量。

后上裆垂直倾斜角的设计：裙裤类为0°；宽松裤为0°~5°；较宽松裤类为5°~10°；较贴体裤类为10°~15°；贴体裤类为15°~20°。

后上裆长增量：裙裤类为3 cm，较宽松裤类为1~2 cm；宽松裤类为2~3 cm；较贴体裤类为0~1 cm；贴体裤类为0 cm。

后上裆运动松量 = 后上裆垂直倾斜增量 + 后上裆材料弹性面料伸长量。在裤后片后翘的裆缝斜度并存，为使后裆缝拼接后腰口顺直，后裆缝斜度与后翘成正比。

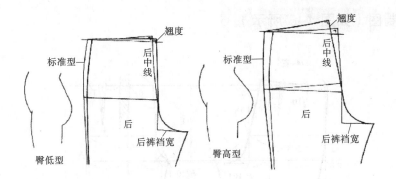

图 4-4　女式西裤上裆松量图

（2）裤前后上裆部结构处理

裤前上裆部的结构设计主要考虑静态的合体性。人体前腹部呈现弧形，故裤的前上裆部为适合人体须在前部增加垂直倾斜角，使前上裆倾斜。

前上裆垂直倾斜角（前上裆腰围处撇进量）=1 cm 左右

在特殊情况下，如当腰部不做省道、褶裥时，为解决前部臀腰差，该撇去量≤2 cm。

裤下裆缝在裙裤造型时，其前后下裆缝夹角为 0°，当由裙结构向其他瘦腿裤型裤装结构变化时，其前后下裆缝角度就相应地增大。

（3）后片裆的偏进量

后片裆缝上端的偏进量，斜度与后翘之间的关系，同裤片省的多少、省量的多少、臀腰差以及裤的造型等，都有密切的联系。后裤片省多，而且省量大，后裤片裆缝斜度应减少，反之则相应增加，而臀腰差越大，后裆斜度越大，相反越小。在裤的造型上，全体越紧身，前者倾斜度越趋于稳定，甚至可减少，而紧身型可稍增加。

（4）裥、省与臀腰差的关系（如图 4-5 所示）

①前片收双褶裥，后片收双省，适应臀腰差偏大体形，臀腰差在 25 cm 以上。
②单裥，单省式，适应适中的体形，臀腰差在 20~25 cm。
③无裥式，适合偏瘦小的体形，臀腰差在 20 cm 以下。
④后片裆缝低落 0.8~1 cm，采用工艺方法使它的前下裆缝（中裆以上）等长即可。

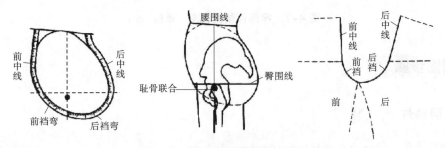

图 4-5　裥、省与臀腰差的关系

第四章 裤子的结构设计

4. 结构制图（如图4-6所示）

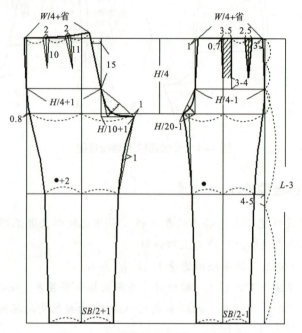

图4-6 前后片结构制图　单位：cm

5. 零部件结构制图（如图4-7所示）

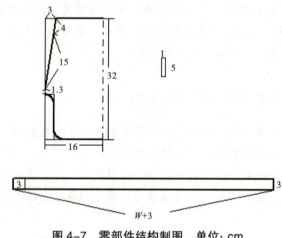

图4-7 零部件结构制图　单位：cm

6. 制图步骤

（1）前裤片

- 前侧缝直线：做一条水平线。

- 上平线：与前侧缝直线垂直相交，与布边平行。
- 裤长线（下平线）：由上平线向下量裤长 98 cm − 腰头宽 3 cm = 95 cm，与上平线平行。
- 横裆线（上裆长）：由上平线向下量取 $H/4$，与上平线平行。
- 臀围线：上裆长的 2/3=16.7，与上平线平行。
- 中裆线：臀围线到脚口线的 1/2 提高 3 cm。
- 前臀围大：在臀围线上，由前侧缝直线量取 $H/4-1=24$，与前侧缝直线平行。
- 前腰围大：在腰口线是先做 1 cm 的前缝劈势，再量出前腰围大 $W/4-1+6$（裥量）。
- 前裆宽：在横裆线上，由横裆线和前裆直线的交点量取 $H/20-1$ cm。
- 烫迹线：在横裆线上，由劈进 0.7 至前裆宽点之间进行 2 等分，过中点做水平线。
- 前脚口：按脚口的规格脚口 −2 cm 以烫迹线为中点两边平分。
- 下裆缝线：脚口端点、脚口端点与前裆宽的 1/2 处相连，与中裆线相交，再从交点与小裆宽点相连，中间凹进 0.3 cm 画顺。
- 中裆宽：在中裆线上，以烫迹线为中点，取两侧相等。
- 侧缝线在中裆线上：下端与脚口相连，上端与腰口与横裆撇点 0.7 cm 处相连接，用弧线画顺到中裆线。
- 门襟线：由前裆宽点沿着弧线索量取 4~5 cm，做小裆弧线的垂线长 1 cm，由前裆偏进 1 cm 的偏进再量取 3 cm，连接画顺。
- 裥裆：前裥裆为反裥，裥裆量为 3.5 cm，向门襟方向偏进 0.7 cm（正裥裆则向侧缝偏进），由前裥裆至侧缝的 1/2 为后裥裆的位置，后裥量为 2.5 cm，裥裆的长度至臀围线向上 3~4 cm。
- 侧缝直袋：在侧缝线上，上端至腰口 3 cm，袋口大 15 cm。

（2）后裤片

后裤片制图以前裤片为基础，将腰口线、臀围线、横裆线、中裆线、脚口线延长。

- 后侧缝直线：与布边线平行。
- 后臀围大：在臀围线上从后侧缝线量取 $H/4+1$ cm，与后侧缝直线平行。
- 后落裆线：按前片横裆线，在后裆处低落 0.7~1 cm。
- 后裆斜线：在后裆直线上，臀围线和横裆的交点，取比值 15∶3.5，作后裆缝线并延长过腰口 2 cm，不后翘高，下端与落裆线相交。
- 后裆宽：由后裆缝与后裆低落交点量取 $H/10$。
- 后烫迹线：取后侧缝线与后裆宽点的 1/2 做水平线，与后侧缝直线平行。
- 后腰围大：由后翘高点量起 $W/4+1$ cm + 4 cm（省量）与腰口线相交。
- 后中裆宽：经烫迹线为对称轴两边各以前中裆宽 +2 cm。
- 后脚口宽：按脚口规格 +2 cm 以烫迹线两边平行。
- 侧缝线：由上平线连至臀围线，再连至中裆，至脚口处画顺。
- 后裆弧：在后裆缝上，用弧线画顺。
- 下裆缝线：由脚口连至中裆，再连至后裆宽点，中间凹进 1 cm。
- 省道：后腰围 3 等分，为省的位置。侧缝省长 10 cm，省大 2 cm；后缝省长 11 cm，省大 2 cm。

7. 工艺制作材料准备

（1）材料

面料：幅宽 144 cm，用量约 105 cm。
子母扣：一对。
口袋布：40 cm。
拉链：1 个。

（2）排料图（如图 4-8 所示）

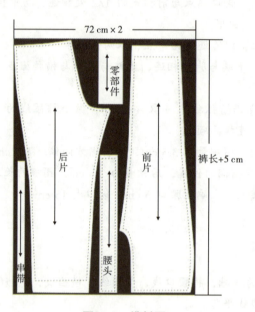

图 4-8 排料图

二、女式直筒裤

女式直筒裤如图 4-9 所示。

1. 款式

在女西裤的基础上变形，腰比较紧贴，臀腹比较合体，前片左右两侧各有一个尖省，后片省道同西裤，前开口装拉链，中裆和脚口的尺寸接近或相等，故称直筒裤。

图 4-9 女式直筒裤款式

2. 规格

号型：160/68
裤长：100 cm
臀围：96 cm
腰围：70 cm
脚口：22 cm

3. 制图要求

①中裆高度定位与裤造型变化有密切的关系，直筒裤的造型属于适身型，故中裆的高度基本在臀高线至下平线中点上再提高 5~6 cm。

②腰和臀在放松量上都比较小，裤前片和后片左右两侧各设一个尖省，如图 4-10 所示。

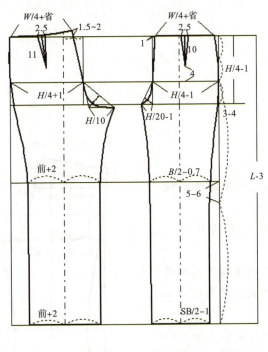

图 4-10 直筒裤结构　单位：cm

4. 女直筒裤的工艺流程

检查样版→放缝份→剪裁面料→打线钉→检查裁片拷边→做零部件（做腰头）→缉前后省→合侧缝→装门里襟装拉链→缝合下裆缝→缝合前后裆缝→装腰头→卷脚口贴边→整烫。

三、女牛仔裤的结构制图

女牛仔裤如图 4-11 所示。

1. 款式特点

低腰位，紧身，小喇叭裤腿。前裤片左右两侧各有一个月亮形口袋，并在月亮形口袋内各装一方形小贴袋，前中装金属拉链，后裤片有育克分割，并各有一个明贴袋，腰头呈弧形，并装有 5 个袢带。

2. 规格

裤长：99 cm
臀围：89 cm
腰围：72 cm
中裆：18.6 cm
前浪：21 cm
脚口：23 cm

图 4-11　女牛仔裤款式

3. 制图要点

① 前中低腰约 8 cm，贴体的喇叭造型，宜用有弹性的牛仔面料制作。

② 后窿门经调整后对角值分别为 2.2~2.3 cm 和 1.3~1.5 cm。

③ 在前后裤片与腰头的连接处，均设 0.5 cm 的抽取量，且腰头需全并省道后方能形成圆顺的造型。

④ 膝围线的测量定位，臀围至脚口的中点处向上 8~10 cm。

4. 结构制图（如图 4-12 所示）

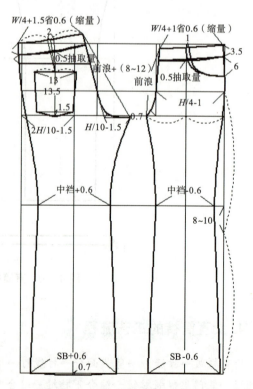

图 4-12　女牛仔裤结构　单位：cm

第三节 裤子原型及其结构变化

女裤为了和裙子多变的特点相协调，也采用了裙子的某些设计原理，如裤子的省分割及打褶的设计，和裙子的结构原理完全相同，就裤子而言，要正确把握大裆弯、后翘和后中线的倾斜角度等参数的比例关系，这是裤子纸样设计的关键所在。在设计方法上，也必须确立一个裤子的内限参考型，即裤子的基本纸样。

与裙子纸样不同的是，裤子的基本纸样又可以作为一种款式直接使用。

标准女裤基本纸样具有如下特点：首先它更适合中国和亚洲人的体型特征；其次，在尺寸规格设定上多采用比例分配的方法，以使裤子基本特征更趋向理想化；再次，内限尺寸设定小，如腰部无松量，臀部也只有 2 cm 松量。

一、标准裤原型的制作

标准裤原型款式如图 4-13 所示。

1. 款式特征

整体呈 H 形。为齐腰设计，前后裤片左右各设两个省道，前片处开门襟。

2. 规格

日本服装规格 M

裤长：91 cm

腰围：66 cm

臀围：90 cm

股上长：26 cm

裤口宽：21 cm

图 4-13　标准裤原型款式

3. 制图要点

标准裤的制图，如图 4-14、图 4-15 所示。

①从人体的腰围的局部特征分析，臀大肌的凸出度和后腰差量最大，大转子凸出度和侧腰

差量次之，最小的差量是腹部凸度和前腰，这是裤子基本纸样省量的设定依据。同时，为了使臀部造型丰满美观，将过于集中的省量进行分解，这就是裤后片设两个省，前裤片设一个省的造型依据。

②为使前后片的内侧缝长度相等，故需将后片的横裆线下降0.7~1 cm，以便于工艺缝合。

③为使困势线与腰口线成直角，故需进行后腰翘的设置。

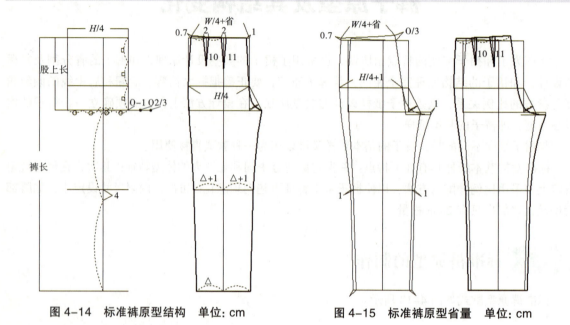

图 4-14　标准裤原型结构　单位：cm　　　图 4-15　标准裤原型省量　单位：cm

二、裤子的廓形变化与纸样设计

裤子廓形的基本形式有四种，如图4-16所示。

①长方形（筒形裤）。
②倒梯形（锥形裤）。
③梯形（喇叭形裤）。
④菱形（马裤）。

影响裤子造型的结构因素有臀部的收紧和强调、裤口宽度与裤摆的升降，而且这些因素在造型上是互为协调的。

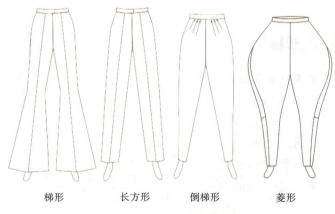

梯形　　长方形　　倒梯形　　菱形

图 4-16　裤子轮廓基本形式

第三节 裤子原型及其结构变化

 1. 筒形裤

筒形裤以裤子的一般造型为标准（如图 4-17 所示）。它的结构形式就是裤子基本纸样，它有两种造型习惯：

① 用省的筒形裤（直接采用基本纸样的省量做臀部合身的处理）。

② 用褶的筒形裤（腰腹之差在侧缝增加 1 cm，使原省量为活褶制作，增强实用功能）。

2. 锥形裤

锥形裤的廓型就是倒梯形（如图 4-18 所示）。在纸样设计上，可以利用切展的方法来完成。切展的部位是根据锥形裤的不同造型加以选择，有以下两种：

① 褶量是从腰部起消失到髋骨线，就要从髋骨线侧缝的位置切展增加褶量。

② 褶量直到裤摆才消失，就要从裤摆线开始使腰部增加褶量。

由此可见，锥形裤的腰部褶量和切展的放松量成正比。

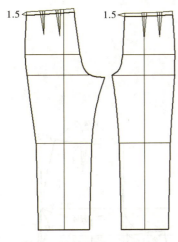

图 4-17　筒形裤　单位：cm

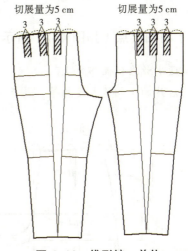

图 4-18　锥形裤　单位：cm

 3. 喇叭裤

喇叭裤的处理方法和锥形裤相反。臀部选择紧身、低腰、无褶的结构（如图 4-19 所示），使臀部造型平整而丰满。裤摆宽度增加的同时加长至脚面。采用低腰，所以腰头直接从裤前、后片获得。

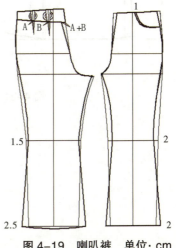

图 4-19　喇叭裤　单位：cm

第四章
裤子的结构设计

4. 裙裤（如图 4-20 所示）

（1）款式特点

裤裙是一款外观似裙子，其结构与裤子相同的下装设计，由于其活动方便、舒适，被广泛应用于家庭便服及外出的便装。

图 4-20　裙裤款式

（2）规格

号型：160/68A
裤长：45 cm
臀围：92 cm
腰围：68 cm

（3）制图要点（如图 4-21 所示）

①前腰省放在侧面布片上。
②前后片的下裆缝长度相等，易于工艺缝合。

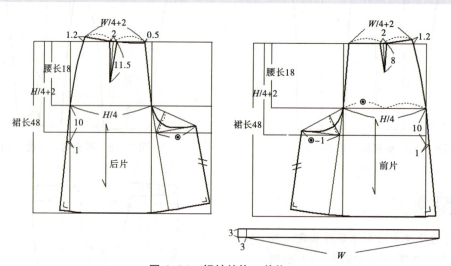

图 4-21　裙裤结构　单位：cm

第四节 单褶基本型男西裤

1. 款式特征（如图4-22所示）

裤型为基本造型，裤长以腰围高为依据（包括腰头），前片单褶裥、两侧斜插袋，后片两个一字挖袋（或双嵌线），后腰收双省，腰头装七个裤袢。中档部位至脚口的尺寸大小基本一样，形成筒状裤腿的西装裤。裤管宽松、挺直，给人以整齐、稳重的美感。多与西装、西式大衣配套穿用。老年、中年和青年皆宜。

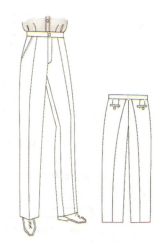

图4-22 单褶基本型男西裤款式

2. 面料

毛料、棉、麻、化纤及混纺织物。

3. 成品规格（如表4-1所示）

表4-1 单褶基本型男西裤成品规格

号型：170/76A 单位：cm

部位	裤长	腰围	臀围	上档	脚口	中档	腰宽
规格	103	78	102	28	23	24	3.5

4. 制图要点（如图4-23、图4-24所示）

①腰围的放松量：在净腰围的基础上加放1~2cm。
②单褶基本型男西裤属较贴体型，臀围的放松量在8~12cm。
③前后臀围的计算分别为$H/4-1$与$H/4+1$。
④档部宽度基本按$0.16H$计算，较合体裤前后档部宽度的分配比例为：1/4：3/4。
⑤为增加裤上档运动量，后裤片烫迹线向外侧缝偏移1cm，上档长增量1cm。
⑥后上档倾斜角度为12°。
⑦前、后裤脚口尺寸分别为SB-2cm、SB+2cm。

第四章 裤子的结构设计

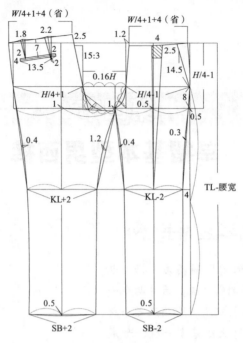

图 4-23 单褶基本型西裤结构　单位：cm

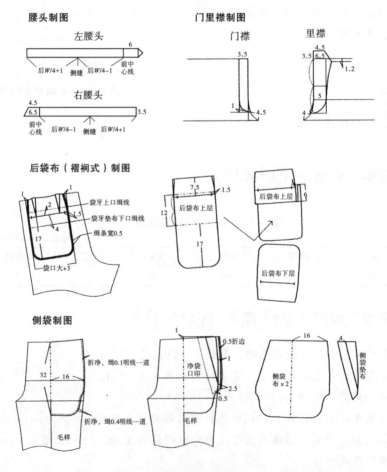

图 4-24 零部件　单位：cm

第五章　男、女装原型的绘制

知识目标

　　了解上衣的概念、名称、分类，原型的种类、构成要素、立体构成、立体裁剪，掌握新文化服装原型的基本结构，充分理解省道的基本种类和作用，省道的结构处理原则，省道转移的位置及操作。学习男装原型中衣身及袖子的结构制图。

技能目标

　　熟练地掌握男、女装原型的基本结构与制图方法，达到结构制图的规范与标准。掌握衣身省道转移原理，并能根据款式的变化进行结构设计，具备结构变化设计的制图能力。

情感目标

　　充分理解原型的设计原理，培养学生原型制图能力，从而掌握结构变化原理，培养举一反三、灵活运用的能力，为后期的服装款式结构设计打好基础。

第五章 男、女装原型的绘制

思维导图

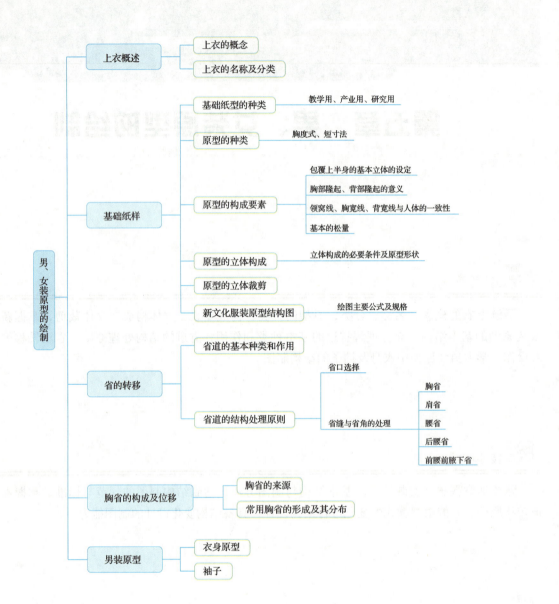

第一节 上衣概述

一、上衣的概念

上衣是服装重要的组成部分,是人类着装的最基本的形式之一。上衣是覆盖包裹人体躯干,即由肩部至腰围线或至臀围线附近的覆着物,是平时穿着的宽松上装的总称。此外,还包括T恤衫、毛衣、罩衫等妇女、儿童穿的服装都叫上衣。

上衣起源可追溯到人类的远古时期,人类用树皮或动物的毛皮来御寒,保护身体;夏商周时期,中原华夏族的服饰是上衣下裳,上衣为右衽交领衣。春秋时期胡服上衣为窄袖紧身、圆领、开衩短衣。魏晋南北朝时期,汉族贵族在借鉴胡服的结构特点基础上加长衣身与袖口,改左衽为右衽。据服装史记载,10世纪前后,上衣已被很多男性劳动者穿着。历史学家认为这是上衣与下装按照性能上下分离而产生的。女性上衣具有清晰的形体轮廓则出现于20世纪初。随着妇女解放运动的发展,女性开始参加体育运动,上衣也逐渐变得与女性的生活紧密相关。但是很久以来人们一直认为不管多么漂亮的上衣,与裙子配套穿着出现在正式场合是没有礼貌的,因为,人们普遍的印象是只有在工作场合时才能如此穿着。然而在社会生活方式已变得多样化的今天,这种印象已经消除了。使用新材料、设计独特的各式上衣正在生活的许多方面发挥着作用,为很多人所喜爱。

第二次世界大战后,社会结构有了很多的变化与发展,人们的生活水平也显著提高。同时,随着服装领域的飞速发展,人们从自身出发有了要创造流行的强烈愿望,乐于对服装进行自由创造及穿着。现在,上衣除了穿着范围愈来愈广外,款式也涵盖了从日常便服到正式场合的礼服等多种样式。对于上衣着装来说,根据穿着的场合的不同,如能设计出功能合理并能张扬个性的外衣,则可通过穿着上衣体验日常着装的乐趣。

女装上装的特点是,女装结构线以弧线为主,充分体现女性的温婉、优雅、优美。女装与其他上装的最大区别是其多变性,而它的变化往往与流行趋势的变化密切相关,表现在衣身的长度和腰围的收放、摆围的松紧、衣袖的长度、袖口的大小、衣领的造型变化及辅料的增减变化等方面。女装的控制部位主要有衣长、袖窿深、腰节长、臀长、肩宽、胸围、腰围、臀围、摆围和袖长等,而胸围在上装中起着非常关键的作用。

二、上衣的名称及分类

上衣的名称按穿着方式区分,可分为内穿式(将衣襟下摆放入下装内)和外穿式(将上衣放在下装外面)。

第五章

男、女装原型的绘制

按上衣款式、种类或形象分，可分为线条优美的礼服式上衣和由便装式男上衣演变成的活动方便的衬衫式上衣。

另外，也可以根据形态、造型、穿着目的与用途、衣领与袖子的款式、装饰细节等进行名称的细化。即便是同一款式，有可能也有若干种名称。

1. 上衣的名称分类

按穿着区分：内穿式上衣、外穿式上衣（上衣放在裤子或裙子的里面或外面）。

按形象、要素区分：女性化上衣、便装、夏威夷衫、猎装、牛仔衬衫、军服式上衣、带褶的宽松式上衣、中式上衣、轻便装、风衣式上衣等。

按目的、用途区分：职业装、休闲装、礼服、家居服、防雨服松式上衣等。

按形态、款式区分：套头衫、不对称式上衣、女衬衫与裙子套装、蝶形领结衫、T恤衫、围裹式上衣、短袖上衣、露肩式上衣、宽松衫上衣、收腰式上衣、肥大上衣、双塔克上衣、暗门襟上衣、松式上衣等。

2. 上衣的结构分类

按放松量分：合体型、适体型、宽松型。

按衣长分：长上衣、中上衣、短上衣。

按衣片造型分：平直型、收省型、分割型、展开型等。

按门襟特点分：对襟、斜襟、偏襟及双搭门等。

按袖长分：长袖、短袖、中袖等。

按袖形分：圆装袖、连身袖、喇叭袖、灯笼袖、马蹄袖、花瓣袖、套肩袖等。

按领型分：圆领、坦领、方领、鸡心领、花形领、翻折领、驳领、立领等。

按按季节分：春、夏、秋、冬装。

第二节 基础纸样

原型——结构最简单，将三维人体尺寸展平为二维平面图形的纸样。
基型——在相同品种中款式最简单的纸样。

一、基础纸型的种类

1. 教学用
   - 原型：根据成型形态
     - 梯形
     - 箱形
     - 卡腰形
   - 基型：原型的基本公式 + 变量——减少操作程序，提高工作效率

2. 产业用
   - 比例分配法（无具体纸样，只是一系列计算公式）
   - 基型：某品种中最简单的款式的纸型，其他款式秩序在此基础上做局部改动，而不需改变规格尺寸
   - 基型：原型的基本公式 + 变量

3. 研究用

短寸法纸型：测出人体 26 个部位的尺寸，得到的是近似于人体皮肤展开的纸型。

二、原型的种类

根据覆盖部位分类：衣身、衣袖、下装。
根据年龄、性别分类：少儿型、成人型；男装、女装。
根据服装种类分：各国家情况不同。
根据宽松量的不同：0 cm、8 cm、10 cm，其中松量 8 cm、10 cm 的较多。
根据作图法的不同分为：

1. 胸度式

控制部位（S、N、SL、FBW）均为胸围尺寸的一元方程，$Y=f(B)$——应用广泛。

2. 短寸法

直接测量人体各部尺寸。

第五章

男、女装原型的绘制

三、原型的构成要素

1. 包覆上半身的基本立体的设定

腰围线（WL）、人体围度的确定，腰围线必须成水平状。

2. 胸部隆起、背部隆起的意义

前后浮余量的产生、前后浮余量消除的形式。

3. 领窝线、胸宽线、背宽线与人体的一致性

领窝线——人体颈根围；背宽线——人体背宽线；胸宽线——人体胸宽线。

4. 基本的松量

松量是立体构成原型时自然产生的，不是人为的主观确定。

四、原型的立体构成

1. 立体构成的必要条件

硬件条件：能反映人体普遍规律的标准体人台。
构成方法：布样的经纬向必须与人台的经纬向符合一致。
形体要求：腰围线处必须为水平状，前后浮余量必须消除。

2. 立体构成的原型形状（如图5-1所示）

（1）梯形

将前浮余量向下挓至腰围线处使原型前部成梯形，后浮余量在背宽线以上收取，使胸围线（BL）至腰围线处成箱型。

（2）箱形

将前浮余量向下挓至胸围线处收取对准胸高点（BP）的省道（并可在其他部位收取胸高点（BP）的省道），使原型前部成箱形，后浮余量出处理后亦成箱形。

第二节 基础纸样

要点：★ 原型的形状是在立体构成中形成的。
　　　★ 原型的松量是 $B-B'$，也是在立体构成中自然形成的。

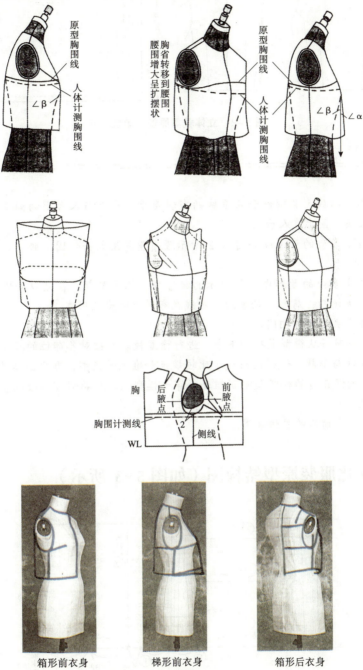

图 5-1　立体构成的原型

 五、原型的立体裁剪

原型是最基本的也是最简单的纸样，是一切款式的基础。立体裁剪原型是衣身立体裁剪的基础，如图 5-2 所示。

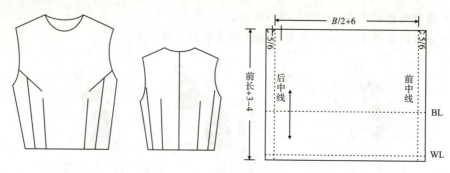

图 5-2　立体裁剪原型　单位：cm

①面料准备。

②将确定好前中心线、胸围线和基准线的布料覆于人台上与人台上的同名线条符合，在前中心和胸高点处用大头针固定在人台上。

③将胸围线以下多余的量形成如图 5-2 所示腰省量并用大头针固定腰省，同时确定侧缝线的位置并固定。

④将胸围线以上多余的量形成如图所示的袖窿省，推平肩部，在领口处需打剪口，以消除领口处的牵扯力，根据领围、肩部、袖窿的基础线在布料上做出点影线。

⑤后片的操作方法与前片相同。

⑥检查复核：将布料从模型上拆卸下来，进行检复核。要核对各部位的尺寸，调整相关结构线使之吻合，修正曲线与形状。这样便形成了比较规范和准确的板型，即平面结构图。

⑦二次修正：按修正过的样版型重新组合，穿于模型上。对局部可再做调整，并将扣子与口袋装上，观察其效果。

⑧整体观察：观察前后的整体效果。

六、新文化服装原型结构图（如图 5-3 所示）

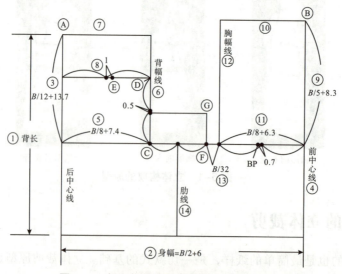

图 5-3　新文化原型的基础线　单位：cm

第二节 基础纸样

1. 绘图主要公式

（1）身宽：$B/2+6$；

（2）后颈点到袖窿深线：$B/12+13.7$；

（3）背宽：$B/8+7.4$；

（4）袖窿深线到前颈点：$B/5+8.3$；

（5）前胸宽：$B/8+6.2$；

（6）前领口宽：$B/24+3.4=◎$；

（7）前领口深：$B/24+3.9=◎+0.5$；

（8）前胸省大：$B/4-2.5°$；

（9）后领口宽：$B/24+3.6=◎+0.2$；

（10）后领口深 = 后横开领 $/3$；

（11）后肩省：$B/32-0.8$；

（12）整个腰省：总省量 = $(B/2+6)-(W/2+3)$；

其中 a 省：14%；b 省：15%；c 省：11%；d 省：35%；e 省：18%；f 省：7%。

2. 规格

胸围：83 cm
背长：38 cm
袖长：52 cm

新文化服装原型的结构线（如图 5-4 所示）。

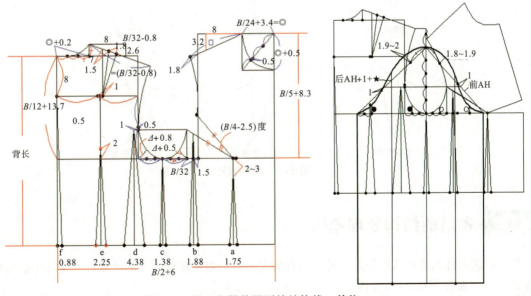

图 5-4　新文化服装原型的结构线　单位：cm

第三节 省的转移

在衣片的任一部位通过缉缝得以消失的锥形或近于锥形的部分称为省道。省道是服装结构分解中的一种常见处理方法，它适用于合体服装或肩部合体的服装。

省道的基本种类和作用

省道的基本种类

①单从省道的形态上观察，有锥形省、喇叭形省、S形省、冲头形省、月亮形省及折线形省6种（如图5-5所示）。

②另外，像有些处在边缘部位的劈势也可以理解为省道，这种省我们称为边缘省。它多以喇叭形省或冲头形省的半边形式出现。

③省形的选择主要与所处部位、衣料特性、合体程度乃至造型要求等诸因素有关。

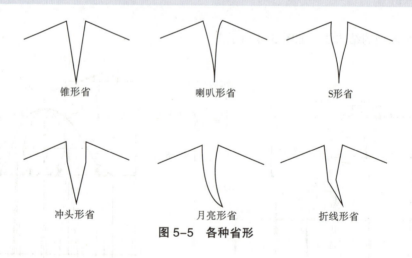

图 5-5　各种省形

二、省道的结构处理原则

省尖：无论什么部位或形态的省道，其省尖大多数是指向球面中心的区域。但是与中心点保持一定距离，一般控制在 2~5 cm 内。

省口：一般落在球面边界部位。从理论上讲，省口可落在球面边界四周的任一部位。但实际上，人们对于省口位置往往是有选择性的。

第三节　省的转移

1. 省口大致有如下几种选择

①使其与省尖的连线产生一种优美的线条分割。
②使其与省尖的连线落在隐蔽部位。
③当球面边界的某一个围度尺寸较小时，尽可能将省口位于该球面边界处。

2. 省缝与省角的处理

在正常情况下，两条省缝的长度必须一致。此外，省尖处的省缝绝不允许出现内弧形，以防省角骤然增大。从理论上讲，省角愈小，则收省后的省尖部位就愈柔和平服。因此，对于有些合体要求较高，衣料比较考究的服装，整个省缝或省尖处的省缝应处理成外弧形，使角减低到最小限度。至于靠近省口及中间部位的省缝呈什么方向的弧线形态，这由所在人体部位的表面形态所决定。

制作不同款式样版时，根据所要表现的款式、轮廓线，以胸高点作为基点进行转移，再制作相应的样版。

后衣片的肩省由于包含着肩胛骨的量，可用分割线消失掉，作为加入垫肩的量分散在袖窿或移至后领围来处理等各种方法。

腰省是沿着腰围线消化分散的省。

原型省道的移动、分散操作方法（如图5-6所示）。

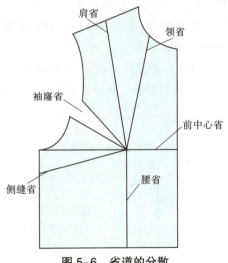

图5-6　省道的分散

（1）胸省的操作

> **转移为侧缝省**（如图5-7所示）
>
> 将BP和转移位置用线连接，将此点作为B点。
> 将胸省的胸线侧作为A点，并将BP作为基点压住，顺时针方向转动原型样版，使A点移动到A'点上重叠，此时，由于B点移动又产生了B'点。

画出 $A(A')$ 点到 B' 点的轮廓线,并直线连接 B' 点到 BP。由于袖窿省的闭合,B 点转移到了 B' 点,胸省就转移到了侧缝上。由于 B 点和 BP 之间的距离比 A 点和 BP 之间距离要长,所以侧线上的省量也大了。

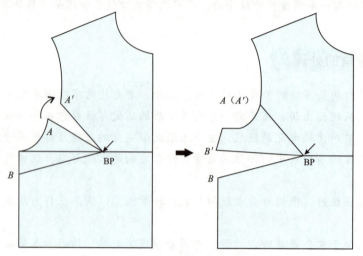

图 5-7　侧缝省的操作

转移为腰省(如图 5-8 所示)

将胸高点和转移的位置用线连接,将此点作为 B 点。

将胸省的胸线侧作为 A 点,再以 BP 为基点压住,顺时针方向转动原型样版,使 A 点移动到 A' 点上重叠,此时由于 B 点的移动又产生了 B' 点。

画出 $A(A')$ 点到 B' 点的轮廓线,并直线连接 B' 点到 BP。这样,胸省就转移到腰围线上了。B 点和 BP 之间距比 A 点和 BP 的间距长,所以在腰围线上的省量也大。

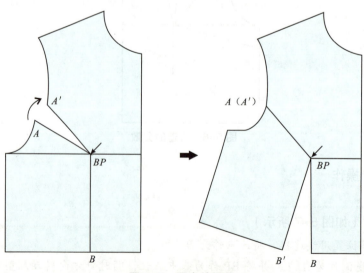

图 5-8　腰省的操作

第三节　省的转移

> ● **转移为肩省（如图5-9所示）**
>
> 　将BP和转移位置连接，将此点作为B点。
>
> 　胸省的肩端点侧作为A点，再以BP为基点压住，逆时针方向移动原型样版，使A点移动到A′点上重叠，此时由于B点的移动又产生了B′点。
>
> 　画出A（A′）点到B′点的轮廓线，并直线连接B′点到BP。随着B点向B′点的转移，胸省就转移为肩省了。由于B点和BP的间距是A点和BP的间距的2倍左右，所以肩省的省量也成为袖窿省的2倍。

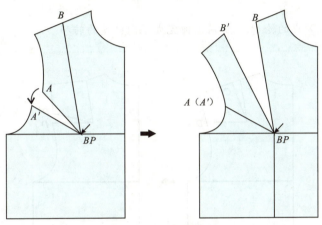

图5-9　肩省的操作

> ● **转移为中心省（如图5-10所示）**
>
> 　把BP和转移位置用线连接起来，此点作为B点。
>
> 　将胸省的肩端点侧作为A点，再以BP为基点压住，逆时针方向转动原型样版使A点移动到A′点上重叠，此时由于B点的移动产生了B′点。
>
> 　画出A（A′）点到B′点的轮廓线，并直线连接B′点到BP。随着B点向B′点的转移，胸省就转移到前中心了。B点和BP的间距比A点和BP的间距短，所以在前中心的省量要少。

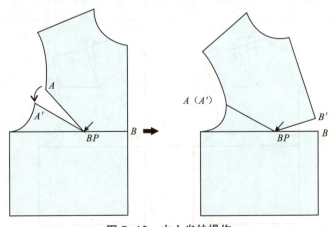

图5-10　中心省的操作

（2）肩省的操作

这个省大多用于向袖窿、领围转移或者分散来制作样版的场合。肩省向袖窿转移或者分散成为袖窿的松量或者垫肩的松量，在样版上作为省而不被除去。

向袖窿转移（如图 5-11 所示）

将肩省省尖转移的位置用直线连接起来，并将此点作为 D。

将肩省 SP 侧为 C 点，压住肩省的省尖作为基点，将 C 点转移到 C' 点，同时 D 点也向 D' 点转移。

画从 C（C'）到 D' 点的轮廓线。肩省便完成了向袖窿的转移。

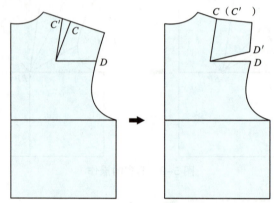

图 5-11　后片袖窿省的操作

向肩和袖窿转移（如图 5-12 所示）

将肩省的省尖和转移的位置用直线连接。

确定向袖窿分散的量，首先压住肩省省尖作为基点，然后转移从 D 点分散的量作出 D' 点。

画从 C 到 D' 点的轮廓线。完成肩省向袖窿转移，分散到袖窿的省成为袖窿的松量，残留的肩省成为褶裥或者缩缝量。

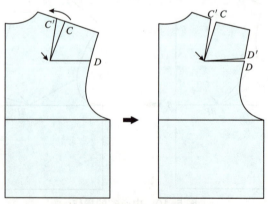

图 5-12　前片袖窿省的操作

第三节 省的转移

向领围转移（如图5-13所示）

将肩省省尖和转移的位置用直线连接，并将此点作为 E 点。

把肩省的侧颈点侧作为 C 点，并把肩省省尖压住作为基点，把 C 点向 C' 点转移，同时 E 点向 E' 点转移。

画从 C（C'）到 E' 点的轮廓线。肩省完成了向后领围的转移，这时肩省成为后领围省、高领围省。

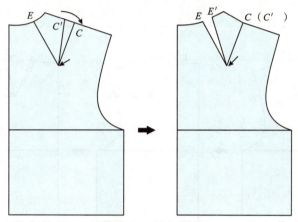

图5-13　向领围转移

向肩和领围转移（如图5-14所示）

将肩省省尖和转移位置用直线连接，并将此点作为 E 点。

把肩省的侧颈点一侧作为 C 点，并将省量等分的位置作为 C'' 点（C 与 C' 之间）。

以肩省省尖为基点压住，将 C 点向 C'' 点移动，E 向 E' 点转移。

画出 E' 到 C（C''）点的轮廓线。肩省被部分分散转移到了后领围中。被转移到领围的省，最终被款式消化或成为省、缩缝量。

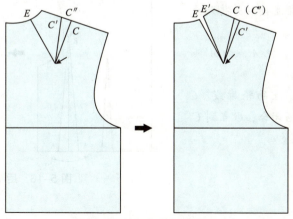

图5-14　向肩和领围转移

第五章
男、女装原型的绘制

> **向领围和袖窿转移（如图 5-15 所示）**
>
> 将肩省的省尖和转移位置用直线连接，并确认为 D、E 点。
>
> 将肩省的侧颈点的一侧作为 C 点，并将省量等分的位置作为 C'' 点。
>
> 压住肩省省尖作为基点，首先把 C 点向 C'' 点移动，然后 E 点向 E' 点移动。
>
> 画出 E' 到 $C(C'')$ 点的轮廓线。肩省被分散到了后领围。
>
> 将 C' 转移到 $C(C'')$ 点，同时 D 点转移到 D' 点。
>
> 画出 $C(C'')$ 到 D' 点的轮廓线，剩下的肩省量被转移到了袖窿线。被转移到袖窿线的省，成为袖窿的松量。

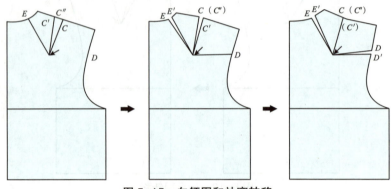

图 5-15　向领围和袖窿转移

（3）腰省的操作

腰省的操作是指腰部有分割的紧身款式。侧面的省在样版上闭合，不作为省。

（4）后腰省的操作（如图 5-16 所示）

将腰省近侧缝线一侧作为 A 点，并将此省尖作为 B 点。

把 B 点和转移位置连接，并将此点作为 C 点。

压住 B 点作为基点，把 A 点向 A' 点转移。

画 $A(A')$ 点到 C' 点的轮廓线。C 点向 C' 点转移形成腰省闭合，C 点到 C' 点的展开成为袖窿的松量。

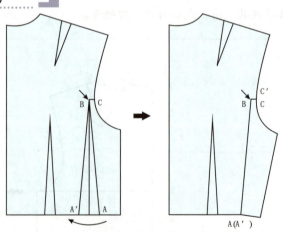

图 5-16　后腰省操作

第三节 省的转移

（5）前腰前腋下省的操作（如图 5-17~图 5-19 所示）

将腰省近侧缝线一侧作为 A 点，并将其省尖作为 B 点。

压住 B 点作为基点把 A 点向 A' 点转移。

画出 A（A'）点到 B 点的轮廓线。腰省被闭合。

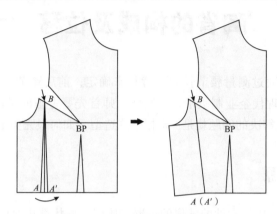

图 5-17　前腰前腋下省的操作

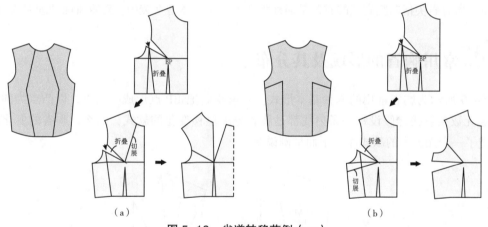

图 5-18　省道转移范例（一）

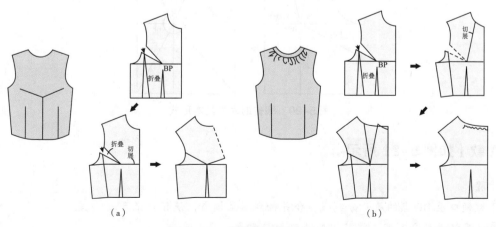

图 5-19　省道转移范例（二）

第四节 胸省的构成及位移

人体结构体型，主要通过测量腰节长和后背长来确定，前后腰节长之差构成了体型的差别，也形成了胸省的省量。在现代企业制版中，女装样版师首先要考虑的是该服装适合何种体型（即胸省量的大小），第二个要解决的问题就是：根据款式造型，如何最完美地处理胸省量。

一、胸省的来源

从女性的生理构造看，成年女性的乳房的位置、体积、形状都相对稳定，明显凸起呈球面状。用平面的面料来包装它的时候，四周都会产生余量，将这些余量清除的方法之一就是省。在女装结构设计中，所有省尖指向胸高点的省都是通称为胸省。在合体型女装中，对胸省的处理尤为重要。

二、常用胸省的形成及其分布

图 5-20 所示为胸省常用的六种基本形式。假设我们把 BP 点形成一凸点，以凸点为圆心，向四周引起无数条射线，假设每一条射线都是胸省分解位移变化的款式，那么，胸省的变化给女装设计创造了一个无穷大的款式库，下面举例说明。

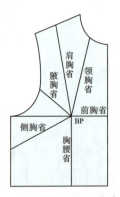 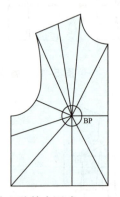

图 5-20　胸省的六种基本形式

A 款（如图 5-21 所示）

步骤：
① 做领口至 BP 点的展开分割线，合并袖窿省至领省，使领口张开。
② 做肩缝造型分割线，将其扩展造型所需褶量。

图 5-21　胸省转移 A 款

B 款（如图 5-22 所示）

步骤：
①做侧缝分割线，使袖窿省和胸腰合并转移至侧缝，并确定肩至侧缝的纵向展开分割线。
②将分割线之间的纸样剪开扩展所需褶量，画顺展开后的分割线。

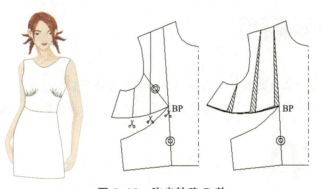

图 5-22　胸省转移 B 款

C 款（如图 5-23 所示）

步骤：
①在领口弧做展开分割线。
②合并袖窿省至领口，使领口自然张开、扩展褶量，画顺领口展开弧线。

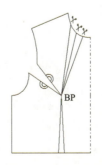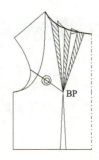

图 5-23　胸省转移 C 款

D 款（如图 5-24 所示）

步骤：
①做肩至前中的造型分割线，合并袖窿省和胸腰省至肩部，并确定前侧片横向分割线。
②将前侧片横向风分割线展开，在分割线扩展需要的褶量，并画顺展开后的弧线。

图 5-24　胸省转移 D 款

E 款（如图 5-25 所示）

步骤：
①做好造型线及前中止口的展开分割线，合并袖窿省转移至胸腰省。
②将前中止口分割线展开，使胸腰省量转移至前止口，并画顺前止口线。

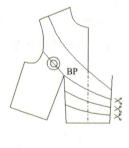
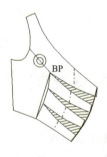

图 5-25　胸省转移 E 款

F 款（如图 5-26 所示）

步骤：
①做育克造型，先关闭袖窿省。
②将胸腰省总量的 2/3 转移至育克部位。

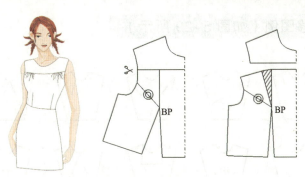

图 5-26 胸省转移 F 款

G 款（如图 5-27 所示）

步骤：
①做横向和纵向育克分割线。
②合并袖窿省转移至 BP 上方，展开育克部分纵向分割线至所需的褶量，弧线画顺。

图 5-27 胸省转移 G 款

H 款（如图 5-28 所示）

步骤：
①在前止口做展开分割线。
②合并袖隆省和胸腰省转移至前中。

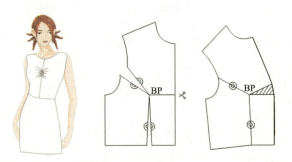

图 5-28 胸省转移 H 款

第五章

男、女装原型的绘制

> 系列省分解转移图例（如图 5-29 所示）

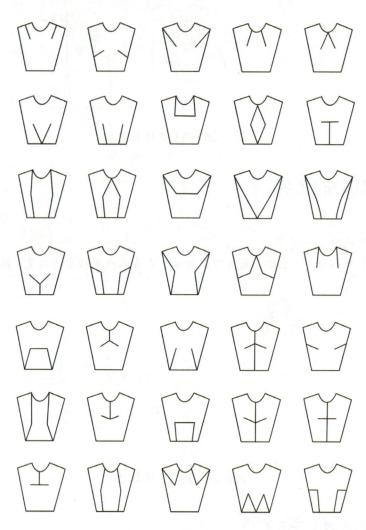

图 5-29　系列省分解转移图例

第五节 男装原型

原型是简易化制图的一种方法，是各种制图的基本。

男装在款式上没有女装那么多的设计上的变化，尤其是下半身，除了极特殊的例子之外，一般都是裤子。因此，男装原型是指上半身，即衣身与袖子原型。

男装原型主要是用于开放式领型的上衣，如西装、便装夹克、简易上衣以及合体衬衫等，所以，必须依其服装种类或材料的变化、轮廓变化而变化。

按照国际惯例，男装是要画左半身，改变了我国服装行业男装采用右半部分制图的传统习惯。衣身原型的尺寸设定是以净胸围为基础，以比例为原则，以定寸为补充来进行制图的。只有衬衫与立领的服装要用领子的尺寸计算来开领口。

1. 衣身原型

男装原型基础图如图 5-30 所示，男装原型结构图如图 5-31 所示。

①以后中心点为基准点，以背长为宽、$B/2+10cm$ 为长做长方形。

②在 $B/6+8cm$ 处设置胸围线（BL）的位置。

③胸围线（BL）上自前（后）中量取 $B/6+4cm$ 定原型的胸背宽，这样做会使笼门（既人体的厚度）加宽。

④后领宽是按 $B/12$ 来确定的，并以后领宽的 1/3 向上定后领深。前领宽是胸宽的一半。

⑤以长方形的一半定位肋线。

具体绘制，如图 5-30、图 5-31 所示。

按照国际惯例，原型是要画左半身的。

衣服是依据胸围尺寸与背长尺寸绘制的。

号型：92A　胸围：92cm　背长：41cm　袖长：57.5cm

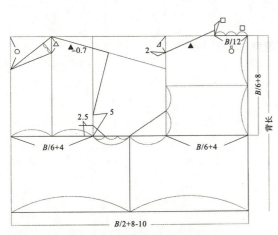

图 5-30　男装原型基础图　单位：cm

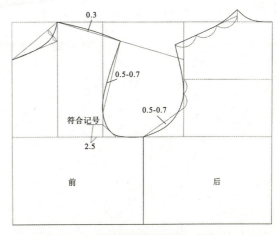

图 5-31　男装原型结构图　单位：cm

2. 袖子

男子服装的袖子，普通的有两片袖与一片袖；变化袖有半斜肩袖和斜肩袖；还有一片袖、二片袖、三片袖应用在外套、雨衣、衬衫等。

二片袖是袖子的基本型，西装、便装夹克、外套等都使用二片袖。

袖山高：AH/3 + 0.7cm

袖宽：AH/2 − 1cm

男装袖子原型如图5-32所示。

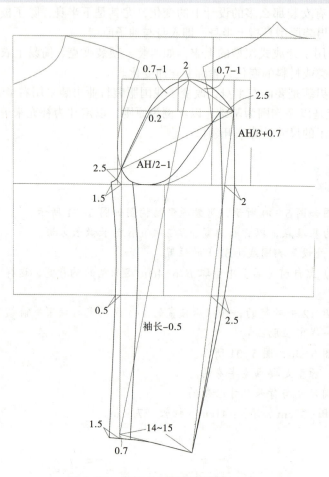

图5-32　男装袖子原型　单位：cm

第六章 男、女衬衫的结构设计

知识目标

　　了解男衬衫的穿着起源及演变，学习男衬衫的分类、面料、色彩及规格设计。掌握男式礼服衬衫、男式标准衬衫、男式休闲衬衫的款式特点、面料成分、成品规格及制图要点。深入学习女衬衫各部位的机能性松量要求，掌握基本女衬衫、胸褶式女衬衫、胸省式女衬衫的结构制图方法。

技能目标

　　根据男式礼服衬衫、男式标准衬衫、男式休闲衬衫、基本女衬衫、胸褶式女衬衫、胸省式女衬衫的款式，分别进行相应的结构设计与纸样制作。从而掌握省道、褶裥、抽褶及分割线的结构原理和变化应用。

情感目标

　　通过网络或杂志掌握衬衫的流行趋势，充分理解衬衫的结构设计原理，培养学生对变化款衬衫结构设计与纸样制作的能力，并能熟练地运用在纸样设计和实践中。

第六章

男、女衬衫的结构设计

 思维导图

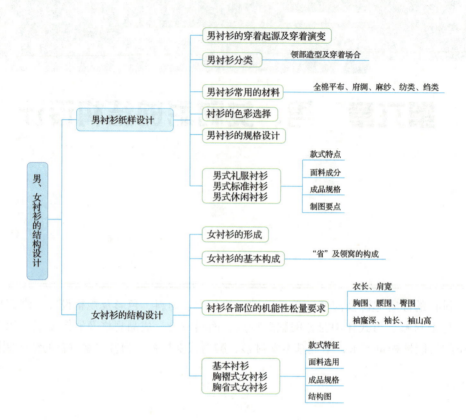

第一节 男衬衫纸样设计

男衬衫从服装分类上属于内衣范畴,在男装着装中总处于配角的地位,往往被穿着者所忽略。衬衫,虽然属于内衣类,但其最大的特点是它与外衣在一定程式规范下的组合运用,是评价个人修养的依据,所以,男衬衫在男式服装品种中是一个重要品种。

一、男衬衫的穿着起源及穿着演变

男衬衫拥有多种穿法,常常只作为配角(不同时代的衬衫,如图 6-1~ 图 6-3 所示)。男士衬衫的角色,从贴身内衣到中衣的演化,要追溯到男性服装中出现上衣和马甲的 17 世纪。穿在马甲下面或上衣下面的男式衬衫穿法,在现代的套装风格中很常见。也可以说,领子和袖口从上衣中露出的风格,是这个时候确立的。

进入 18 世纪以后,腰身和袖子肥大而舒适的男士衬衫款式开始出现了。可以见到男士衬衫前面的开衩部分和胸部的装饰荷叶边。袖口上也同样是荷叶边,穿起来手腕被荷叶边盖住,这是当时最地道的贵族穿法。

1800 年以后,发现了领子几乎和耳朵一样高、颜色雪白的男士衬衫款式。替换的领子也在出售了,多为领高 10 cm 或 12 cm 的高领。

图 6-1 衬衫举例(一)

图 6-2 衬衫举例(二)

图 6-3 衬衫举例(三)

第六章

男、女衬衫的结构设计

上衣和马甲固定下来之后，男士衬衫的存在感变得很薄了。但上流社会赋予了它新的意义。保持衬衫的清洁，穿雪白衬衫，被认为是新的身份象征。

1850 年左右制作的男士衬衫款式（长 94 cm、宽 71 cm）一般为半宽约 2 cm 小立领，后中心钉扣子。前身有左右排列细小的塔克，中央 3 个装饰扣，双层袖口，门襟上有很硬的浆。扣子像大头钉一样，也有宝石装饰的样式。

1900 年的时候，在美国，黑与白、红与白、淡紫色与白色和大的条纹花型很流行。双拼色的高领男士衬衫受到了极大的欢迎。

1918 年，丝制男士衬衫开始流行。这股热潮到 1921 年还在继续。

随后，伴随着第二次产业发展，白领阶层增加，作为绅士、商务人士的标准西装样式也确定下来。男士衬衫为了配合西装和领带，主要以白色为主。衬衫面料也开发出了化学纤维，防缩、防皱等机能性加工也随之发展，价格也随之降低，逐渐使男士衬衫这一服饰走入平常老百姓的家中，成为大众化的服饰。这类男士衬衫的特性是材料更易打理，甚至终身不用熨烫。另一方面也揭开了男士衬衫品牌化及细分化的序幕。使用高级纯棉布料和量身定制的高级男士正装衬衫也逐渐出现，这类衬衫更注重衬衫自身的面料以及制作的工艺，面料更加考究，工艺更加复杂，用以满足中产阶级以及那些追求品位及品质生活的人群。这样，男士衬衫发展到现代就逐渐形成了大众化、品质化的两极分化。

二、男衬衫分类与常用的材料

1. 男衬衫分类及特点

男士衬衫名目繁多，最常见的区别：下摆有平、圆之分，门襟有明、暗区别。

（1）按衬衫的领部造型，通常分为以下七种

①标准领：领子长度和敞开角度走势"平稳"的衬衫，商务活动中常见，以纯色为主。
②异色领：配一个白领子的纯色或条格衬衫，袖口也可以是白色，领尖通常为圆形的标准领。
③暗扣领：领子左右缝有提纽，领带在提纽上穿过，强调领带结构的立体形象，穿着这种领型的衬衫必须打领带，并打得小些。
④敞角领：领子间的角度在 120°至 180°，又称温莎领或法式领。
⑤纽扣领：属于运动型风格，领尖以纽扣固定于衣身，是所有衬衫中唯一不需过浆的领型。多见于便装式样的衬衫，在美式服装中较多。
⑥长尖领：细长而略尖的领形，线条简洁，多用于古典风格的礼服衬衫，通常为白色或素色。
⑦立领：只有领座，来源于中式服装的经典领型，能够彰显领部曲线，多见于便装式样衬衫，通常与衣身同质同色。

(2)按穿着场合分,衬衫分为以下3类

正装衬衫(如图6-4所示)

由于正装衬衫的穿着要求严格,色调选择多以白色、蓝色等纯色调为主,外轮廓主要以H形为主。领子为达到与颈部体型特点相吻合的要求,领形采用领座与翻领断开的结构设计,领座与翻领的比例系数一般控制在0.7~1 cm,领形的外观设计、领尖的长短及领形角度的大小随流行趋势变化而变化,领子作为衬衫的重要组成部分,工艺要求特别严格细致。

肩部的过肩设计是正装衬衫的基本特征,过肩造型基本保持不变,只是宽窄随设计流行因素变化。前中门襟分为明门襟与暗门襟两种类型,门襟上一般有6粒有效纽扣,由于正装衬衣的穿着严谨,第一粒与第二粒扣位之间的间隙不宜过大,一般控制在7~7.5 cm。左前胸有一明贴袋。袖山工艺要求的特点为:袖片为低袖山一片袖,袖口有褶裥,宝剑头袖衩,袖口装有袖排。

根据穿着季节的不同,正装衬衫又分为长袖和短袖两种款式品种。

适用于办公场所、日常社交活动穿着,较正式、精致,选料款型趋向舒适,以单色或条纹居多。

图6-4 正装衬衫

礼服衬衫(如图6-5所示)

礼服衬衫的外轮廓基本与正装衬衫一致,以松身的H形结构为主,不同之处在于领形的变化,礼服衬衫的领形没有后翻领,只是在立领的结构基础上前中加以双翼燕尾领尖造型。另外是衣身前中的U形胸档分割,U形分割部位多以褶裥或波浪纹进行装饰,袖口处采用金属或宝石的袖扣加以装饰。

在礼服衬衫中又分为晚礼服衬衫和日间礼服衬衫。

男、女衬衫的结构设计

与燕尾服搭配穿着的衬衫是晚礼服衬衫，是双翼燕尾领，前胸有 U 形胸挡，并有白色绫纹褶裥装饰，前襟有六粒有效纽扣，由贵金属或珍珠制成。袖口通常是使用装饰扣的双层翻折结构。

与晨礼服搭配穿着的衬衫是日间礼服衬衫，领型从普通衬衫领到双翼燕尾领都可以使用，若是穿着普通衬衫领的场合，通常前胸无胸挡，而穿着双翼燕尾领的场合，胸挡则可有可无。

适用于重要的社交活动，如宴会、晚会、庆典，等等，以黑或白色最佳。

图 6-5　礼服衬衫

休闲衬衫（如图 6-6 所示）

休闲衬衫在穿着过程中无特定场合，比较随意自然，可根据时尚流行趋势及个性要求穿着，具有多样性与流行性，所以色调选择上比较广泛，如彩色、花纹、图案、格子等元素都可以运用。正装衬衫是纯粹搭配式的内衣化衬衣，从结构方面看，只要穿着舒适就可以了，不需要考虑款式变化及结构的合体性。而休闲衬衫完全是外衣化衬衫，在结构设计时就要考虑衬衫款式是否符合流行变化，结构是否具有合体性，时尚元素尤为突出。

适用于对着装的正规性要求较低的办公场合，以及非正式的聚会、休闲和居家场合，造型宽松，多用纯棉面料，色彩图案个性化。

2. 男衬衫常用的材料

衬衫作为贴身穿着的内衣，一般都选用吸湿透气、柔软轻薄、易清洗的面料。薄型纯棉与棉型化纤平纹织物是最为常用的衬衫面料。适合男衬衫的面料有全棉平布、涤棉混纺平布、府绸、麻纱、色织条格布及真丝或仿真丝的纺类、绉类织物。

图6-6 休闲衬衫

（1）全棉平布

采用平纹组织，经、纬纱粗细和密度相同或相近的织物。具有交织点多、质地坚牢、表面平整、正反面外观效应相同的特点。平布按其纱织数的不同，可分为粗平布、中平布、细平布和细纺，用作男衬衫面料的通常是细平布的细纺。

（2）府绸

府绸是布面呈现由经纱构成的颗粒效应的平纹织物，其经密高于纬密，比例约为2：1或5：3。府绸具有轻薄、结构紧密、颗粒清晰、布面光洁、手感滑爽的丝绸感。府绸品种繁多，适用于男衬衫面料的种类主要有：全棉精梳线府绸、普梳纱府绸、涤棉府绸、棉维府绸。

（3）麻纱

麻纱是布面呈现宽窄不等直条纹效应的轻薄织物，因手感挺爽如麻而得名。麻纱具有条纹清晰、薄爽透气、穿着舒适的特点。常见的麻纱多为棉或涤棉织物。

（4）纺类

采用平纹组织，表面平整缜密，质地较轻薄的花、素织物，又称纺绸。

采用不加捻桑蚕丝、人造丝、涤纶丝等原料织制，也有以长丝为经丝，人造棉、绢纺纱为纬丝交织的产品。有平素生织的电力纺、无光纺、尼龙纺、涤纶纺和富春纺等，也有色织和提花的条纺、彩格纺、花富纺等。

（5）绉类

绉织物是通过运用工艺手段和丝纤维材料特性织制的外观呈现皱纹效应的富有弹性的丝织物。绉织物具有光泽柔和、手感细腻而富有弹性、抗皱性能好的特点。绉织物的品种很多，适合男衬衫面料的主要是中薄型的双绉、花绉、碧绉、香乐绉等。

衬衫的材质具有多样化趋势，国际上知名品牌选择的面料就很有代表性。阿玛尼（ARMANI）的衬衫面料包括亚麻、埃及棉、丝绸、羊毛、粘胶纤维，还有羊绒等。品克（Thomas Pink）的衬衫面料有特级埃及 100 支双经单纬纯棉府绸、皇家牛津纺、海岛棉、麻纱、罗纹纺和山形斜纹纺等。其他府绸、轻罗、华尔纱、青年纺、麻纱、凹凸细纹布等也是常见的面料。

衬衫免烫处理可以使得服装在穿用时具有很好的保型性，因此，成为上班使用的首选，雅戈尔推出的"VP棉免烫衬衫"以及"DP免烫衬衫"等就是高科技型免烫衬衫中的翘楚。

三、衬衫的色彩选择

衬衫之所以最能够体现人的风度，很大程度上是因为它离头部很近，能够很好地突出人的肤色特征并美化肤色。除了领型和面料非常重要之外，衬衫的色彩选择也是相当讲究的。

衬衫色彩选择的一条重要原则，就是要根据个人的肤色、年龄、体形和个性选择颜色。如果肤色较黑，衬衫的色彩就不宜过深或浅，应选用与肤色对比不强烈的粉红色和蓝绿色，最忌用色彩明亮的黄橙色或色调很暗的褐色、黑紫色等。皮肤偏黄的人，不宜选用浅黄色、土黄色、灰色的衬衫，否则会显得精神不振、无精打采。同样，脸色苍白疲倦者不宜选择绿色和白色衬衫，否则会使脸色更显病态。反之，肤色红润的人，适合绿色。如果你的精神状态非常好，那么，白色是很好的选择，它匹配任何肤色，白色的反光会使人显得神采奕奕。

体形瘦小的人适合穿色彩明度高的浅色衬衫，可以显得丰满；衬衫的颜色不能与外套相同，应该在色彩的明暗深浅上有明显的对比。

不能机械地对待条纹给予体形的视错觉，通常等距离的横条纹衬衫不适合体形较胖者，但是如果横向条纹因为不同间距而生成一种视线上下运动的旋律，反而会使身材显得修长。

四、男衬衫的规格设计

男衬衫的衣长以人体的身高（即号型的号）为基准，0.4 号 +4 cm，或根据款式要求在此基础上再适当地加减进行调节。

男衬衫的胸围以人体的净胸围（即号型的型）为基准，加放 18~20 cm。男衬衫的肩宽在人体的净肩宽基础上加放 3~4 cm。

男衬衫的袖长以人体的身高（即号型的号）为基准，长袖 0.3 号 +7.5 cm，短袖 0.2 号 −（9~10cm）。5.4 系列 A 型男衬衫规格（见表 6-1）。

表 6-1　5.4 系列 A 型男衬衫规格

单位：cm

号型\部位	165/80	170/84	170/88	175/92	175/96	180/100	180/104	185/108	185/112
领围	37	38	39	39	39	42	43	44	45
衣长	70	72	72	72	72	76	76	78	78
圆摆衣长（后中量）	74	76	76	76	76	80	80	82	82
胸围	100	104	108	108	108	120	124	128	132
肩宽	45	46.2	47.4	47.4	47.4	51	52.2	53.4	54.6
长袖长	57	58.5	58.5	58.5	58.5	61.5	61.5	63	63
短袖长	24	25	25	25	25	27	27	28	28

五、男式礼服衬衫

款式特点（如图 6-7 所示）：

礼服衬衫属于四开身结构，前胸设有 U 形胸挡，领形为双翼领结构，圆摆，造型宽松，前肩线平行向下移 3cm，与后片合并成单独的过肩。一片袖，低袖山型，袖口设计两个褶。

面料成分：涤棉（60% 棉；40% 涤）

号型：170/88A

成品规格（见表 6-2）：

表 6-2　170/88A 男式礼服衬衫成品规格

单位：cm

衣长	胸围	肩宽	领围	袖长	袖口围
76	108	47.4	39	58.5	25

制图要点（如图 6-8、图 6-9 所示）：

①由于衬衫面料及结构要求的不同，前中不做偏胸处理，根据实际领围将原型前横领减小 2 cm，后横领减小 0.5 cm。

②根据款式要求将原型袖窿挖深 2.5~3 cm。

③侧缝收腰 4 cm。

图 6-7　男式礼服衬衫款式

男、女衬衫的结构设计

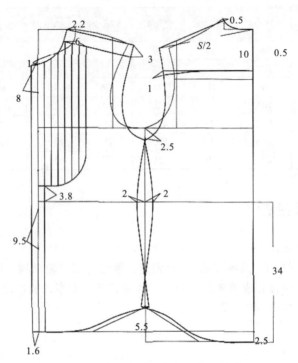

图 6-8　男式礼服衬衫衣身结构　单位：cm

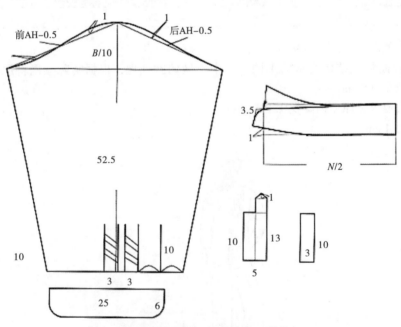

图 6-9　男式礼服衬衫领袖结构　单位：cm

六、男式标准衬衫

款式特点（如图 6-10 所示）：

标准衬衫属于四开身结构，方摆，造型宽松，前片与后片合并成单独的过肩。一片袖，低袖山型，袖口设计两个褶，带领座翻领，6 粒扣，左胸一个贴袋。

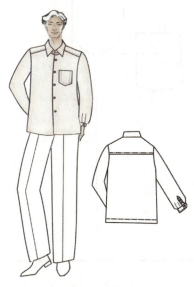

图 6-10　男式标准衬衫款式

面料成分：涤棉（60% 棉；40% 涤）

号型：170/88A

成品规格（见表 6-3）：

表 6-3　170/88A 男式标准衬衫成品规格

单位：cm

衣长	胸围	肩宽	领围	袖长	袖口围
76	108	47.4	39	58.5	25

制图要点（如图 6-11、图 6-12 所示）：

①由于标准衬衫的立体包装，要求后横领取 $1.5N/10-0.5$ cm，前直领深取 $2N/10+3$ cm。

②前后片袖窿各取 0.7cm 的袖窿省。

第六章
男、女衬衫的结构设计

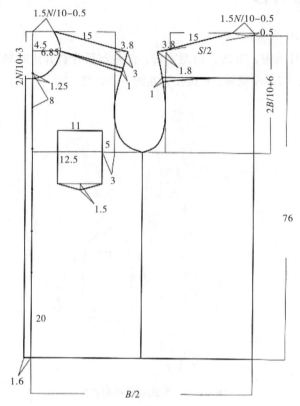

图 6-11 男式标准衬衫衣身结构　单位：cm

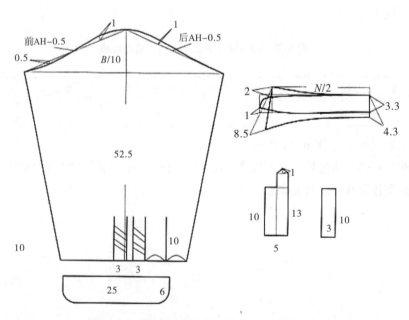

图 6-12 男式标准衬衫领袖结构　单位：cm

七、男式休闲衬衫

款式特点（如图 6-13 所示）：

休闲衬衫属于四开身结构，圆摆，造型较合体，前片设有前胸省，后片设有后腰省。肩部及袖口设有装饰袢，领口及袖窿有装饰分割，一片分割短袖，带领座翻领，前片左右胸各一个袋盖式贴袋。

图 6-13　男式休闲衬衫款式

面料成分：全棉 100% 棉
号型：170/88A
成品规格（见表 6-4）：

表 6-4　170/88A 男式休闲衬衫成品规格

单位：cm

衣长	胸围	肩宽	领围	袖长	袖口围
72	102	46	39	25	29.5

制图要点（如图 6-14、图 6-15 所示）：

①由于休闲衬衫的较合体结构，前胸围取 $B/4-1$ cm，后胸围取 $B/4+1$ cm。

②前片取 1 cm 的前胸省，后片取 2 cm 的后腰省。

③后片袖窿取 0.7 cm 的袖窿省。

男、女衬衫的结构设计

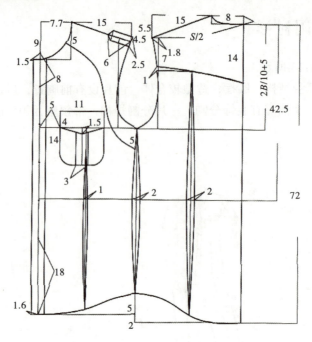

图 6-14　男式休闲衬衫衣身结构　单位：cm

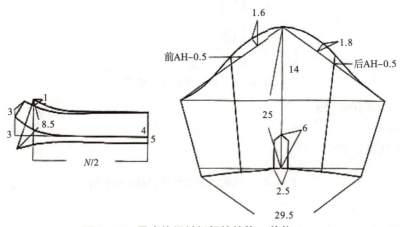

图 6-15　男式休闲衬衫领袖结构　单位：cm

第二节 女衬衫的结构设计

一、女衬衫的形成

衬衫原是指男性穿在西装等套装里面用作衬托外衣的一种内衣,而被用作女性服饰,还要追溯到20世纪20年代。随着第一次世界大战的结束,西方社会生活发生了许多变化,女性开始进入社会生活的各个领域。女性着装也开始为适应社会生活的需要,而逐渐抛弃过去的那种繁杂的服装形式,变得更加实用和简单化。服装的造型也逐渐变得合理,并在一些职业女性模仿男性西装套装的基础上诞生了女性套装。而作为与西装套装配套穿用的衬衫,自然也就成为女性套装中不可缺少的服装了。

然而,衬衫在男装中并不是只局限于做衬衣穿用的,在夏秋季节,这种衬衣还被单独用作上衣穿。在19世纪中叶,就开始出现了采用条格或印花面料制作的专用于夏秋季节穿用的上衣型的衬衫。而对于女装而言,由于在20世纪之前,夏秋季节穿用的服饰都是以袒胸露背的礼服或连衣裙的形式为主,直到20世纪以后,女装在经历了简单化、人性化和套装化之后,这种上衣型的衬衫才伴随着衬衫型的衬衫在女装中出现。而随着女装新材料的不断涌现,加上女装原本就有的非常丰厚的文化沉淀,使女装上衣型的衬衫,虽然晚于男装出现,却后来居上,无论是在其造型的变化、材料的应用还是着装的方式方面,都比男装变得更加丰富多彩。因此,无论是衬衣型衬衫,还是上衣型衬衫,现在都已成为女性不可缺少的服装。

衬衣型衬衫是专指穿在西装等套装里面用作衬托外衣的衬衫。由于它最初是女性模仿男装而形成的,因此,基本的衬衣型衬衫在造型和结构上都具有男性衬衫的特征,如立翻领、克夫衬衫袖、前后覆肩等,也就是那种可系领带的衬衣型衬衫款式。除此之外,也有无须系领带的日常衬衣型衬衫款式,如普通翻领衬衫、两用翻领衬衫、蝴蝶结领衬衫等具有女性风格的衬衫。

衬衣型衬衫无论何种造型,由于都是为了衬托外衣穿用的,所以,这类衬衫无论是在着装的方式上,还是对衬衫的造型和结构以及面料的选择上,都同男装衬衫一样,具有一定的格式要求。如在着装上,衬衣的下摆要系入下装(裤子或裙子)的腰头里。这样,这类衬衫的下摆就要求有足够的衣长,否则当人体在抬手或弯腰时,就会很容易从腰头中拉出下摆。同时,这类衬衫的松量加放也要适度,松量多了会使它在外衣里面显得臃肿,松量少了又会缺少这类衬衣应有的机能性。在造型上也有相对固定的格式,除了领子外,基本的格式变化不大。面料的选择以棉布、亚麻、涤棉混纺织物为主,中细的条格面料,也是很适合的选择。色彩上要与所衬托的外衣相协调,不能太过张扬,而印花型的面料则有失这类衬衫要求素雅、沉稳、庄重的宗旨。

二、女衬衫的基本构成

女装的衬衣型衬衫基本上同于男装衬衫,包括前后衣身、袖子和领子的3个部分。不同的是

男、女衬衫的结构设计

女装衬衫的前衣片为了处理女性前胸乳房的凸起而必须做出胸省的结构。而女装上衣型衬衫的构成则会随着它的造型的不同产生各种变化，对于合体型的款式，在前衣片上并不限于做省的结构，它可以把省转换成褶或者结构的方法。另外，女装上衣型衬衫在造型上也可以做出无领或者是无袖的结构。

1. "省"的构成

女装结构中省量的大小是根据服装的合体度来确定的。越合体的服装，省量也会越来越大，越宽松的服装，省量也会越小。而对于一些非常宽松的服装是不用做省的。

衬衣型基本衬衫：前侧封胸省是不能完全按原型的前后侧缝差（3.5 cm 左右）来确定的。因为，衬衣型衬衫也是稍宽松的服装，省量要比原型缩小 1 cm 左右，即 25 cm 左右就可以了。但前片侧缝缩小 1 cm 及侧缝省后，就会比后片侧缝长出 1 cm，这时就必须把前袖窿深比后片多挖深 1 cm，以达到与后侧缝长相同。如果前侧缝胸省不缩小 1 cm，那么衬衫的胸部就会过于服帖，这与衬衣型衬衫是不相符的。

上衣型衬衫：较合体的款式胸省量可以按原型前后侧缝差来确定，或者适当缩小 0.5 cm 来作侧缝胸省，而宽松型的款式则可以不做省。

后肩省的处理方法：原型中的后肩省是按合体型的上衣构成做出的。衬衫中后肩省的处理方法同前侧缝胸省，胸围松量大于原型的衬衫，后肩省也要比原型略小一些。

2. 领窝的构成

衬衣型基本衬衫：前后领窝会因领型的变化有所变化。首先，后领窝深为了使衬衫更服帖脖子，需要往上提出 0.3~0.5 cm，而前领如果是带领座的领子，一般也会适当下挖 0.5 cm 的前领窝深，而一般翻领则无须下落前领窝。

三、衬衫各部位的机能性松量要求

1. 衣长的确定及机能性要求

衬衣型衬衫：由于这类衬衫在着装方式上要求把下摆扎入裙子或裤子的腰头里，所以，这类衬衫在结构上需要放出一定的衣长。在利用上衣原型制作这类衬衫的制图时，一般以人体裆长为依据从腰节线往下放出 24.5 cm 为衬衫衣长的加放基准（这也是参照人体上身长 62.5 cm 做出的）。

上衣型衬衫：除非下摆是系入腰头的款式，这类衬衫一般对衣长没有格式上的要求，可根据造型而定，基本的上衣型衬衫衣长一般在臀线上下（腰线往下 18 cm 左右）。

2. 胸围的机能性松量要求

衬衣型衬衫：由于是穿在外衣里面的，而且下摆是扎入腰头里的，其结构要求有一定的机能性，否则，手臂都会抬不起来的。在男装中，这类衬衫的松量不能小于穿在外面的西装。虽然女装并没有这样要求，但也不能小于一般的春秋套装上衣。春秋套装上衣松量一般在 10~16 cm，那么，衬衫的松量也在这个之间。而衬衫的基本松量为 14 cm，要大于原型的松量，所以，在利用原型制图时，需要在原型的基础上再追加 4 cm 的松量。

如果这种衬衫的松量太大，穿在套装里面会显得很臃肿。而松量太小时，又会缺少这类衬衫应有的机能性和舒适度。

上衣型衬衫：胸围的松量要求则是依据造型而定的。合体无袖的款式胸围松量可小于 4 cm。宽松的休闲造型胸围松量可大于 30 cm。

3. 腰围的机能性松量要求

衬衣型衬衫：由于下摆要系入腰头里，直腰身是最适合的结构。而对于可以同时作为上衣衬衫穿用的衬衣型衬衫，可以在前后侧缝中适当收腰，但不能收腰省。因为，一旦收腰省后，就会失去衬衣型衬衫应用的机能性。只有纯粹的上衣型衬衫，才可以为了凸显腰身而选择收前后腰省，而且腰部松量可以小于胸部。

4. 臀围的机能性松量要求

衬衣型衬衫：如果以胸围松量加放 14 cm 的直摆的衬衣型基本衬衫为例，衬衫臀围的成衣尺寸同胸围同为 98 cm，而净臀围为 90 cm，那就是说臀围松量为 8 cm。其中衬衫臀围松量是小于胸围的。这是因为胸部受手部运动的影响较大，要求胸部要有足够的松量以满足其机能性，而臀部的机能性受四肢运动的影响却较小。

5. 肩宽的机能性松量要求

原型的肩宽是很合体的。而无论是哪类衬衫，只要胸围松量大于原型的，在利用原型制图时，肩宽都要加放，而且，是以胸围在原型基础上的追加量的 1/4 来确定肩宽加放。例如，衬衣型基本衬衫的胸围松量加放为 14 cm，比原型多出 4 cm，那么肩宽就按 4cm 的 1/4=1 cm 进行加放。而对于胸围松量加放小于原型的上衣型衬衫，则按原型肩宽。而对于一些特殊的造型，如落肩的衬衫设计，肩宽则按设计而定。

6. 袖窿深的机能性松量要求

袖窿深类似于裤子结构中的直裆深，但处理袖窿深远比直裆深要复杂。在胸围松量大于原型之后，一般袖窿深也会随之改变。如果是作为套装上衣（以后片为例），胸围在原型的基础上每向外加放 1 cm，那么袖窿深也会随之落下 1 cm。但是，衬衣型衬衫是穿在套装上衣里面的服装，它必须比套装的袖子更具有机能性。而袖窿深过深会影响衬衫袖的机能性。因此，作为衬衫袖的袖窿，可按胸围松量追加的一半，即 0.5 cm 来降低袖窿深。

7. 袖长与袖头长的确定

衬衣型衬衫：袖长要适当长于原型袖长 1~2 cm，或者直接按人体手臂长 50.5+2.5~3.5 cm 定出。袖头（袖克夫边）长一般是以胸围 +4 cm 的松量定出的。

8. 袖子袖山高的确定

衬衣型衬衫：袖子的机能性要求大于原型。而要增加袖子的机能性，就要降低袖子的袖山高，以增加袖宽。因此，在制作衬衣袖子时，如果是用袖原型制图，就必须先把原型袖的袖山高缩短 2 cm 左右，再进行制图，或者根据衬衫的前后袖窿弧线长直接用 AH/4 来确定袖山高，同时，袖山弧线的弧度和吃势都要相应缩小。

上衣型衬衫：袖子依据款式造型的变化，其袖山高可分别按 AH/3~AH/6 来确定。

四、基本衬衫

款式特征：这款衬衫为男式衬衣领，原装袖，门襟明贴边，前后各两个腰省，休闲时尚的复古造型，规格设计，衣长较短且合体，衣身形态优美。

面料选用：应选择免烫的、吸湿性好的纯棉、涤棉混纺衬衣面料，这样既能透气，又能定性良好。

成品规格见表 6-5。

表 6-5 基本衬衫成品规格

单位：cm

衣长	肩宽	领围	胸围	腰围	臀围	袖长	袖口	袖克夫
58	38	36	90	72	94	59	12	5

结构图，如图 6-16、图 6-17 所示。

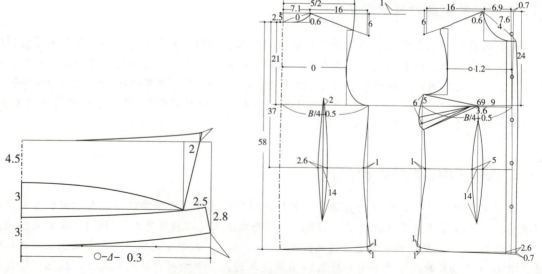

图 6-16 女衬衫衣身结构 单位：cm

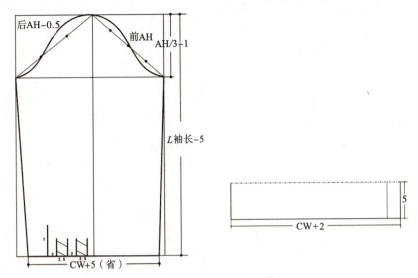

图 6-17 女衬衫袖子结构　单位：cm

五、胸褶式女衬衫

款式特征：
基本的侧缝收腰，曲下摆造型。这类上衣型衬衫下摆一般是既可散穿，又可以系入腰头，所以衣长较日常衬衫要短一些。宽领面立翻领，肩部做覆肩，前门襟止口翻边，5粒扣，收前中心褶。袖子为合体衬衫袖，袖口宝剑头式开衩并收褶，圆角袖头。

面料选用：
宜选择色彩明快的纯棉布、亚麻、丝绸等衬衫面料。

成品规格见表6-6。

表 6-6 胸褶式女衬衫成品规格

单位：cm

衣长	肩宽	领围	胸围	腰围	臂围	袖长	袖口	袖克夫
56	38	36	92	72	96	59	12	5

结构图如图6-18、图6-19所示。

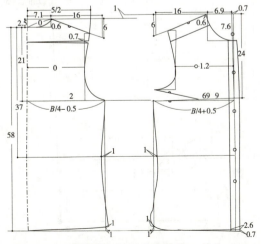

图 6-18 胸褶式女衬衫衣身结构　单位：cm

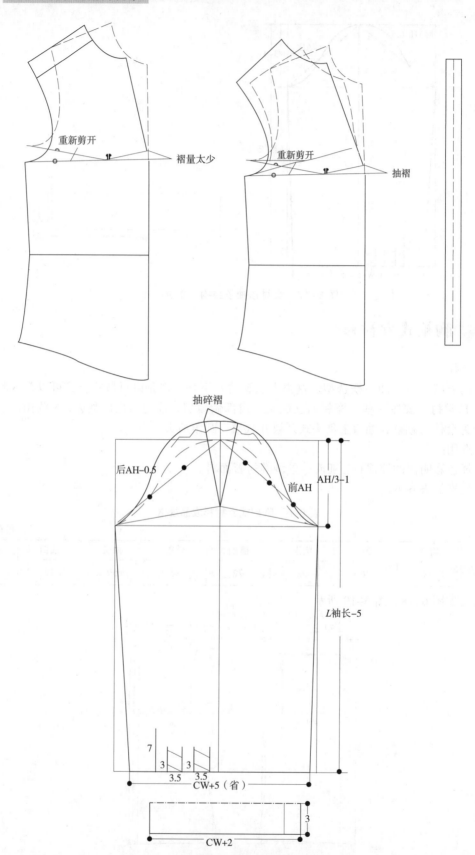

图 6-19　胸褶式女衬衫领袖结构　单位：cm

六、胸省式女衬衫

款式特征：这是模仿男装的一款宽松型落肩袖休闲衬衫。

造型为直腰、曲摆。立翻领，前门襟止口翻边，六粒扣（不包括领座上的纽扣）。前胸左右两个平角袋盖贴袋。肩部做覆肩，后过肩线做中缝褶裥。袖子位落肩衬衫袖，圆角袖头，袖口开衩并做褶。这种衬衫衣长较长，着装时一般为散穿的方式，舒适大方，可作为生活休闲装及家庭装穿用。

面料选用：以纯棉亚麻色织布及真丝面料为主，尽量选择明快的颜色，也可以选择印花面料。

成品规格见表 6-7。

表 6-7　胸省式女衬衫成品规格

单位：cm

衣长	肩宽	领围	胸围	腰围	臀围	袖长	袖口	袖克夫
69	36	36	92	72	96	59	12	5

结构图如图 6-20、图 6-21 所示。

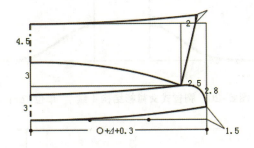

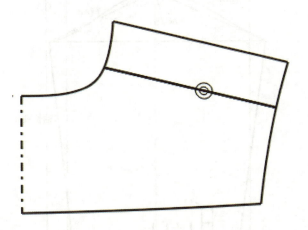

图 6-20　胸省式女衬衫结构　单位：cm

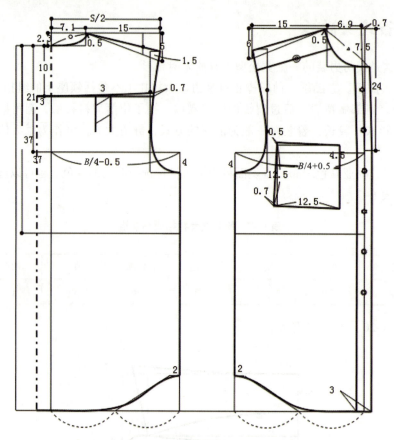

图 6-20　胸省式女衬衫结构（续）　单位：cm

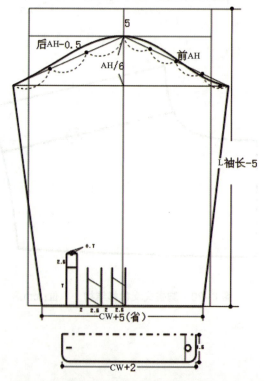

图 6-21　胸省式女衬衫袖子结构　单位：cm

第七章　连衣裙的结构设计

知识目标

　　了解连衣裙的种类，学习与掌握V形领连衣裙、多分割线连衣裙、旗袍裙的款式特点、成品规格等相关知识，依托原型或运用比例法进行连衣裙的结构设计。

技能目标

　　根据不同连衣裙的款式特征，进行相应的结构设计与纸样制作，从而掌握连衣裙衣身结构设计的方法与技巧。

情感目标

　　连衣裙在服装品类中被誉为"款式皇后"，是款式变化最多、最受青睐的服装品类。对连衣裙结构设计的学习，可以培养学生主动探索、勇于创新的精神。

第七章
连衣裙的结构设计

 思维导图

第一节
V 形领连衣裙

连衣裙的结构主要为接腰型和连腰型两大类。在接腰型中,包括低腰型、高腰型和标准型;在连腰型中,包括衬衫型、紧身型、带公主线型和帐篷型等。总之,款式造型因裙子的长短、围度的变化,领形、袖形、分割线及工艺手段的变化而产生不同的变化。V 形领连衣裙如图 7-1 所示。

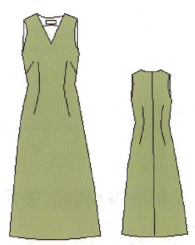

图 7-1　V 形领连衣裙款式

1. 款式特点

①V 形领、无袖、前有两腰省、腋下左右各有一省、后开拉链。
②半紧身、整体呈 A 字造型。
③面料可采用棉、麻、丝等薄型透气性良好的面料。

2. 成品规格 160/83A（见表 7-1）

表 7-1　160/83AV 形领连衣裙成衣规格

单位:cm

制图部位	胸围	肩宽	衣长	腰围	臀围
成品规格	90（+7）	35	98（+60）	74（+7~10）	100（+7~10）

3. 原型准备

①后片:肩省不做合并,由于领子较大,后横领比前横领开大 0.5 cm,相当于领口分割线转移一部分肩省。
②前片:1/3 袖窿省作为松量,另 2/3 转移至腋下。
③由于连衣裙应修饰出人体高挑的感觉,腰节线常提高 1~2 cm。
④其他如图 7-2、图 7-3 所示。

4. 原型应用结构图（图7-2）

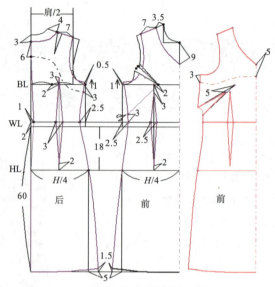

图7-2　V形连衣裙应用结构　单位：cm

5. 比例计算结构图（图7-3）

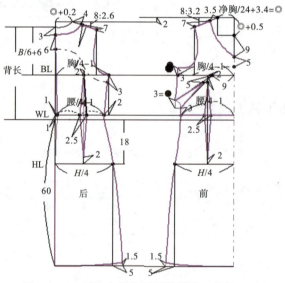

图7-3　V形连衣裙比例计算结构　单位：cm

第二节
多分割线连衣裙

1. 款式特点

①圆领、无袖、前后各有4条分割曲线。
②上身半紧身、整体呈A字造型。
③面料可采用棉、麻等薄型透气性良好的面料。
多分割线连衣裙（如图7-4所示）。

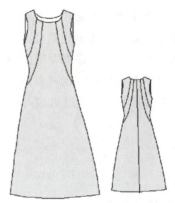

图7-4 多分割线连衣裙款式

2. 成品规格160/83A（见表7-2）

表7-2 160/83A 多分割线连衣裙

单位：cm

制图部位	胸围	衣长	腰围	臀围	臀围
成品规格	90（+7）	98（+60）	74（+7~10）	100（+7~10）	100（+7~10）

3. 原型准备

①后片：肩省全部转移至领口1/2处。
②前片：袖窿省两等分，分别转移至领口的两条展开线处。
③由于连衣裙应修饰出人体高挑的感觉，腰节线常提高1~2 cm。
④其他如图7-5、图7-6所示。

4. 原型应用结构图（如图7-5所示）

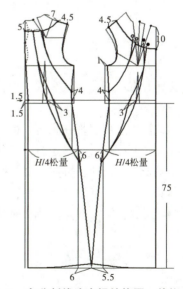

图7-5 多分割线连衣裙结构图 单位：cm

第三节 旗袍裙

旗袍起源于满族旗人服装，发展至今，已成为我国最具有民族特色的服装之一。由于旗袍的造型与女性的体型相吻合，线条简练、美观大方，并且老少适合、四季皆宜，因而深受中国妇女的喜爱。旗袍可根据季节的变化和穿着者的要求，对裙长、袖长、薄厚进行调整。旗袍既可做成迎宾的礼仪服装，也可以做成出席宴会的礼服，体现出华贵、端庄的风格，还可作为饭店、宾馆的职业服装。偏襟旗袍款式如图7-6所示。

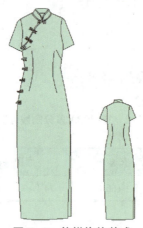

图7-6　偏襟旗袍款式

旗袍的传统工艺：
①盘花扣。
②镶、嵌、绲（经常在领、袖、襟、镶绲宽的或窄的花边）。
③刺绣。
款式区别主要表现在领子、袖子、扣子及门襟的变化上。
①领子有：翻领、小立领、高领等。
②袖子有：长袖、短袖、中阔袖等。
③扣子有：一字扣、琵琶扣、蝴蝶扣等。
门襟形式：对襟、琵琶襟、偏襟等。（改良旗袍前可封闭，后开拉链。）

1. 款式特点：

①中式立领、短袖、裙长过膝。
②半紧身、偏襟、盘扣。
③面料可采用棉、麻、丝、化纤等面料。

第三节 旗袍裙

2. 成品规格 160/83A（见表 7-3）

表 7-3　160/83A 旗袍裙成品规格

单位：cm

制图部位	胸围	衣长	腰围	臀围	臀围
成品规格	90（+8）	135（+97）	74（+8⁻10）	100+8	100（+7⁻10）

3. 原型准备

①后片：肩省合并 1/2。
②前片：袖窿省三等分，2/3 转移至腋下，另 1/3 作为袖窿松量。
③由于旗袍应修饰出人体高挑的感觉，腰节线应提高 1~2 cm。
④其他如图 7-7、图 7-8 所示。

4. 原型应用结构图（如图 7-7 所示）

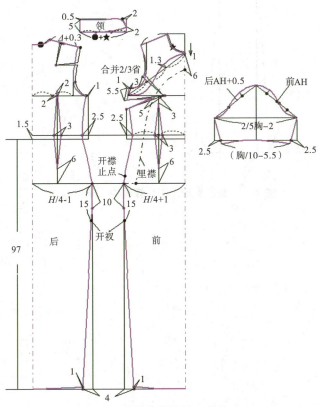

图 7-7　偏襟旗袍结构　单位：cm

第七章 连衣裙的结构设计

5. 比例计算结构图（如图 7-8 所示）

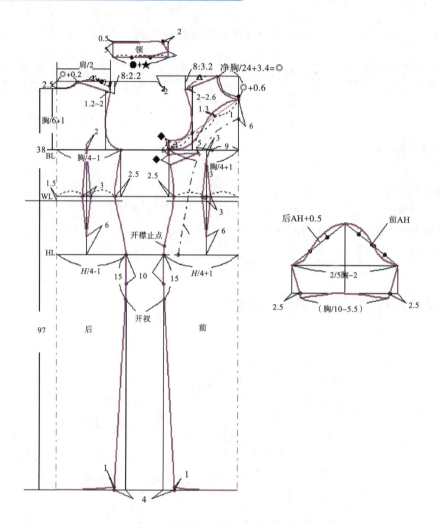

图 7-8　偏襟旗袍比例计算结构　单位：cm

第八章 马甲的结构设计

了解东西方马甲的穿着及起源,马甲的分类、常用材料及流行趋势。掌握男式西装马甲、基本型马甲、礼服马甲、休闲马甲及女式基本型马甲、背空马甲的款式特点、规格设计、结构设计、制图要点等相关知识。

掌握基于原型法进行男式西装马甲的结构设计,基于比例法进行男式基本型马甲的结构设计。并能根据不同变化款和时尚款的马甲款式,分别进行相应的结构设计与纸样制作。

情感目标

基于对多款马甲的结构制图及其结构原理等相关知识的学习,从而培养学生举一反三的能力以及在实践中灵活运用的能力。

第八章
马甲的结构设计

 思维导图

马甲是胴衣的总称,是一种无领无袖,且较短的上衣,可称背子、背心、坎肩或半臂等。其主要功能是使前后胸区域保温并便于双手活动。它可以穿在外衣之内,也可以穿在内衣外面。根据材质和功能的不同分为多种,由于西装马甲是马甲中的常青款,所以在潮流语汇中,所谓的马甲大多是指西装马甲。

马甲作为一个久远的服饰品类陪伴了人类世世代代,出现在各个历史时期和各个民族之间。从原始人开始用兽皮包裹身体露出四肢开始,马甲就迈出了其历史进程的第一步。

第一节 马甲的穿着起源及演变

西装马甲起源于16世纪的欧洲,为衣摆两侧开口的无领、无袖上衣,长度约至膝,多以绸缎为面料,并饰以彩绣花边,穿于外套与衬衫之间。而中国式马甲的雏形是有前后身两片:一挡胸,一挡背,故又名衫两裆(如图8-1所示)。

无论中外,马甲的主要功能是使前后胸区域保温并便于双手活动,它可以穿在外衣之内,也可以穿在内衣外面。如今,马甲已经在原有功能和意义上延伸出更多的种类和花样。不同长度、不同款式、不同面料质地以及不同的搭配方式为马甲这个小主题带来了大作为。最近几年,男式马甲成为女性时装流行中的亮点,然而男式马甲本身也发生着微妙的变化。

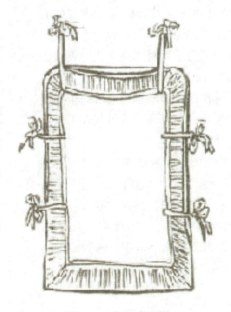

图8-1 中国式马甲

马甲的结构设计

一、东方马甲演变

东方的马甲源于汉,即俗称的背心。汉末刘熙在《释名·释衣服》中称:"裆,其一当胸,其一当背也。"裆者即背心,这在王先谦的《释名疏证补》中讲得更清楚了:"案即唐宋时之半背,今俗谓之背心。当背当心,亦两当义也。"徐珂的《清稗类钞·服饰类》也说:"半臂,汉时名绣裙,即今之坎肩也,又名背心。"由此可见,至少在 2000 年前的汉朝背心就面世了。我国历代关于背心的趣闻逸事不少。《实录》中对背心曾有记述:"隋大业中,内官多服半涂,即长袖也。唐高祖减其袖谓之半臂,今背子也。江淮之间或曰绰子。士人竞服,隋始制之也。"

看来唐高祖李渊也是一位背心的积极倡导者。北宋文学家苏轼也爱穿背心,他因"谤讪朝廷"罪而被贬谪到海南岛后回常州地区,在归途中就是穿着背心的。这在邵博的《邵氏闻见后录》里有记述:"东坡自海外归毗陵,病暑,着小冠,披半臂,坐船中,夹运河岸千万人随观之。"清时有一种"军机坎"称之为"巴图鲁坎肩",巴图鲁在满语中是勇士的意思。这种背心制作讲究,四周镶边,正胸前 13 颗纽扣,一字排开,因此也称它为"一字襟"马甲或"十三太保"。只有朝廷要员才有资格穿这种马甲,视之为殊荣(如图 8-2 所示)。后来这种马甲逐渐成为一种礼服,一般官员也都穿了。

图 8-2 "一字襟"马甲

二、西方马甲演变

追根溯源,西方马甲的流行也是源于东方,马甲是由从伊朗王二世 Shah Abbas 的宫廷前往英国的访问者带来的,其原形是有袖子并且衣长长于内衣的服装。1666 年 10 月 7 日英国国王查理二世将马甲作为皇室服装确定下来。从政治观点上来看,是为了反对法国文化对英国的影响,以简单的着装来抵制凡尔赛的奢华风格。

那时候的马甲是由黑色面料和白色丝绸里料通过简单的裁剪而成的前扣式服装。从国王开始,穿着马甲的风气在大众中普及开来。

西装马甲起源于 16 世纪的欧洲,为衣摆两侧开口的无领无袖上衣,在形成的初期长度至膝。18 世纪后期,马甲的长度逐渐缩短至腰部,演变为与西装一起配套穿着的服装。而到了 20 世纪 20—30 年代正式的晚宴或宴会(Black-Tie Party),成为一种盛行的上流社交方式,继而礼服、马甲、腰封和领结的搭配成为经典,影响至今,如图 8-3 所示。

图 8-3 正式的晚宴服

第二节 马甲分类与常用材料

男式马甲大致可分为西装马甲（基本型）、礼服马甲和休闲马甲（应用型）3种。从男装的类别上看属内衣类（一般不在户外穿），在礼仪上又有普通马甲和礼服马甲之分。无论是哪种马甲，它们都是配合套装穿用的，一般不独立作为外衣（专门的外衣化马甲除外）。从结构上看，马甲通常采用收缩结构，这是由它和套装的组合造型决定的。随着人们生活的改善，马甲在功能上已逐渐从普通马甲的护胸、护腰的作用转变成装饰性的作用，在结构上，主要集中在腰部的处理上，并伴随着结构的合理化和简易化。

一、马甲的分类与结构特点

马甲具有套装、礼服及日常穿用等用途，式样又有单排扣及双排扣之分。单排五扣马甲为三件套标准型马甲，衣料与上衣及裤子相同。后片用里子绸，单独穿用时可用带有图案的丝缎等衣料缝制，后腰部可装能够束紧的腰带，衣料如选用白色可为燕尾礼服穿用。单排六扣马甲与单排五扣马甲式样基本一样，只是在前斜襟处多一个装饰扣。单排三扣为晚礼服用，颜色为白色或浅灰色，纽扣由本料布或贝壳等制作，后衣片有连前衣片简化成腰带的式样。双排五扣及六扣马甲，可配礼服穿用，也可单独穿用。

1. 普通马甲（如图 8-4 所示）

一般配合西装、运动西装和调和西装穿用，因此，又可以划分出三件套马甲和运动型马甲两种。

所谓三件套马甲是指和西装、西裤形成同一材质和颜色的配套组合服。在形式上有五粒扣和六粒扣的区别，五粒扣马甲较为普及称为现代板，六粒扣马甲更为正统称为传统板。但它们在结构上都属于普通型马甲，其主体版型变化不大。

运动、调和型马甲，整体结构上和普通马甲相似，只在后身衣长做适当调整，前身腰部设计成断缝，形成上下两片结构。

图 8-4　三件套马甲图

2. 礼服马甲

礼服马甲从功能上看，逐渐从普通马甲的护胸、防寒、护腰作用转变成护腰为主的装饰性和礼仪作用。因此，它在纸样结构上，主要集中在腰部的处理，甚至完全变成一种特别的腰式结构。这是构成礼服马甲形式的目的性要求，这种形式集中反映在晚礼服马甲上。

塔士多礼服和燕尾服马甲同属于晚礼服马甲，在功能上也有相同的作用（如图 8-5 所示）。整体纸样在收缩量上和普通马甲相同，纸样处理上可在六粒扣马甲的基本型上调节袖窿深与前领造型。在塔士多礼服中，卡玛绉饰带是该礼服马甲的代用品，也是梅斯礼服的必用品。由于它和礼服马甲的功能完全相同，而且使用方便，倍受欢迎。卡玛绉饰带主要是塔士多礼服配合使用，特别是和短梅斯礼服组合几乎成为一种公式。它也常作为燕尾服马甲的代用品，但要用白丝缎面料制作。现代燕尾服马甲常采用一种简单的马甲造型，其结构设计是将后身的大部分去掉，简化为与前身连接的系带结构。

图 8-5　晚礼服马甲图

晨礼服马甲因为用在日间的正式场合，它的结构设计的特点更具有实用性（如图 8-6 所示）。其纸样设计仍在六粒扣马甲的基本型上完成，衣长和袖窿结构与普通马甲相似。现代也常用一种简化的六粒扣小八字领的马甲代替。

图 8-6　晨礼服马甲图

3. 休闲马甲（如图 8-7 所示）

休闲马甲是一种与休闲服饰相配套穿用的便装马甲。其穿着方式随意，可在休闲、旅游等户外活动时与衬衫或毛衣配合穿用。款式造型设计自由，可采用贴袋处理，前开口亦可使用拉链，面料使用广泛，可用灯芯绒、丝绒、皮革、合成革等材料。

图 8-7　休闲马甲图

二、马甲的常用材料与流行趋势

马甲除了与套装的面料相同以外，还可使用棉、毛、化纤、混纺、毛织物、棉织物、皮革、合成皮革、针织等不同材料，或者是这些材料的随意组合。如面料是纯棉或仿棉拉架，也有可能是精梳棉的男式马甲；竹纤维抗菌面料的男式保暖马甲，面料为 100% 聚酯和塔斯纶针织面料。特种面料男士户外马甲外套采用了特殊的耐磨面料，手感很软。肩部的缝合设计，减轻了衣服对肩部的压迫感，并采用透气材料，慢跑、钓鱼等休闲时，穿着都很舒适。

马甲最初只是为了保暖，因而结构极为简洁，然而到了 18 世纪，最初的简洁款式被遗忘，大量奢华的面料和铜制扣子被装饰在马甲上。到了较为保守的维多利亚时代，马甲的面料也还是很花俏，圆点、条纹和花卉印花一直很流行。到了 20 世纪早期，因为中央供暖系统的出现，套头针织衫的普及以及战士服装配给的限制，马甲的流行陷入低谷。

如今，制作马甲的材料更加多样了，在保持功能性的前提下，更多地在视觉上和质感上推陈出新。如今领结不再搭配锦缎驳领的礼服西装了，敞开领口的衬衫并没有打破经典三件套的和谐（如图 8-8 所示）。人们将格子衬衫和牛仔面料的马甲套在了西装里面，打破了西装马甲面料与外套一致的传统。

图 8-8　西装三件套

在颜色的选择上，西装马甲也突破了原有的低调搭配。2009年夏天，带有橘黄色的粉红色大放异彩。可爱的粉红格子马甲和长裤搭配仿佛来自玩具盒里的匹诺曹，带有强烈的乡村气息（如图 8-9 所示）。

图 8-9　粉红格子马甲和长裤搭配

在 2009 年春夏的 T 台上，将袖子拆下的西装变成的马甲最让人记忆深刻。历史上马甲的长度是从长至膝盖到大腿中部，再到大腿之上，最后 1790 年便短至腰线了，并且在 19 世纪 50 年代左右变为无袖款式了。而 2009 年的这款马甲长过腰部，还有那么点袖子或者连肩的感觉。这一季更为惊喜的是赤膊穿马甲，将西装三件套的衬衫和外套都去掉了，但还留着点西装的影子。所以，甚至可以称作是无袖的西装了。同时，设计师大胆地将明黄色锦缎的西装马甲搭配平角短裤（如图 8-10 所示）。

第二节　马甲分类与常用材料

图 8-10　马甲搭配华裤

　　翻驳领双排扣西装马甲就选择编织而不是常见的梭织面料，采用有光泽的棒针线织出如盔甲般的马甲来。选择皮革作为材料，不仅从功能上还从视觉上产生了变化，打破了常规，显得更为粗犷和具有男人味。在表面装饰上，马甲也是很容易复古的款式，以各种质地，如天鹅绒、锦缎等表现出巴洛克时代的宫廷风格，选择金属圆片的装饰带来极具现代感的设计（如图 8-11 所示）。

图 8-11　现代感马甲

第三节 马甲的结构设计

在男子套装中，马甲是三件套西装的基本组件之一，其式样别具风格，所以，在任何时代都受到人们的喜爱。西装马甲主要是与西装配套穿用的马甲，结构比较稳定，多数为V字领单排扣搭门，五粒或六粒明纽扣，四开袋，收腰省，前身面料用西装面料，后背面料用西装的里子面料。

一、男式西装马甲（使用原型）

1. 款式图

男式西装马甲的款式如图8-12所示。

图8-12　男式西装马甲款式

2. 款式特点

男士基本型西装马甲是最正统的，与西装上衣、裤子使用相同面料制作，或是不同面料配色制作。其造型为单排五粒纽扣，四个挖袋，前摆为斜角，后背有腰带，两侧有开衩。

3. 成品规格（选用制图规格号型：92A5）

普通马甲的衣长以人体的身高（即号型的号）为基准，一般为 0.3 号 +6~9 cm。
普通马甲的胸围以人体的净胸围（即号型的型）为基准，加放松量 8~10 cm。

4. 结构图

男式西装马甲的结构如图 8-13 所示。

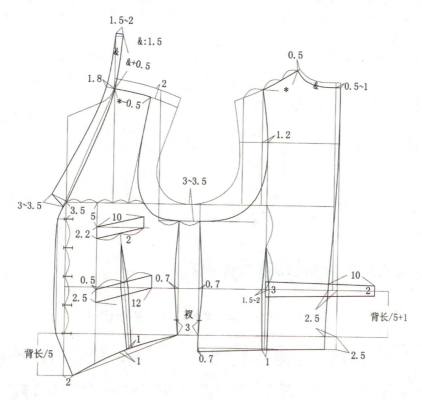

图 8-13　男式西装马甲结构　单位：cm

5. 制图要点

使用男子原型绘制基本型马甲。

马甲是穿在上衣里面的，所以不需要加多的余量，合体即可。前肩线比原型降低 2 cm，使前衣身能够贴身合体。V 字形领及下摆的形状，是同穿用者的身高或上衣的翻领止点有关系。因此，若五粒扣不能均衡就改为六粒扣，最下面的纽扣是做装饰用的；后身下摆的延长尺寸可以自由决定，一般在 1~3 cm，下摆线与水平线齐或短于水平线都可以。

二、男式基本型马甲(比例式)

比例式西装马甲的制图与使用原型的制图只是制图的方法不同(即采用的手段不同),其结果是相同的,基本型是一样的。现在为了穿着方便,制作方法简单,马甲后领口条可去掉,前衣身可做三个挖袋或两个挖袋,两侧可不开衩,胸部的加放量也可增大。

1. 款式图

男式基本型马甲款式如图8-14所示。

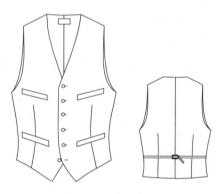

图8-14 男式基本型马甲款式图

2. 成品规格设计(170/88A,见表8-1)

表8-1 170/88A 男式基本型马甲成品规格设计

单位:cm

部 位	规 格	设计依据
衣 长	60	0.3号+9
胸 围	98	净胸围+10
小肩宽	9	

3. 制图要点

注意贴边的画法,与前面原型制图的贴边画法不同,袖窿深的确定及小肩的宽窄可根据衣料的关系及喜爱自由变化;后身下摆是水平的。口袋在形状上亦可加以变化。后衣身也可与前衣身采用相同的面料制作。制作方法既可采用男马甲的缝制工艺也可采用女马甲的缝制工艺。

4. 结构图

男式基本型马甲结构如图8-15所示。

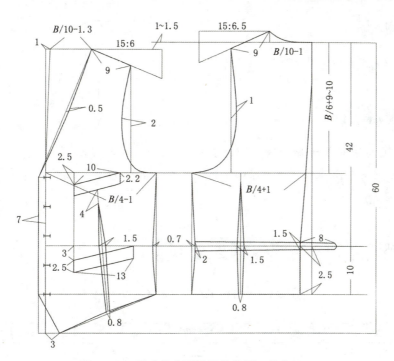

图 8-15　男式基本型马甲结构图　单位：cm

三、礼服马甲

礼服马甲是为了配合不同的礼仪场合，作为礼节规格的标志，与其他服饰构成一种标准的形式。礼服马甲由护胸、御寒、护腰的作用转变为以护腰为主的装饰和表达礼仪的作用。其主要种类有燕尾服马甲（如图 8-16 所示）和晨礼服马甲（如图 8-17 所示）。

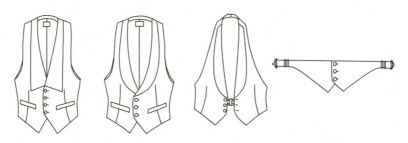

图 8-16　燕尾服马甲图

图 8-17　晨礼服马甲图

马甲的结构设计

1. 款式图

燕尾服马甲款式如图 8-18 所示。

2. 款式特点

此款燕尾服马甲同属于晚礼服马甲。其款式特点为：U 形领口加青果领、前襟设三粒扣、两单嵌线口袋。

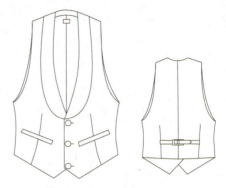

图 8-18 燕尾服马甲款式图

3. 成品规格设计（170/88A，见表 8-2）

表 8-2 170/88A 燕尾服马甲成品规格设计

单位：cm

部 位	规 格	设计依据
背 长	42.5	0.2 号 +8.5
衣 长	56	背长 +13.5
胸 围	96	净胸围 +8
肩 宽	32.5	净肩 -10

4. 结构图

燕尾服马甲结构如图 8-19 所示。

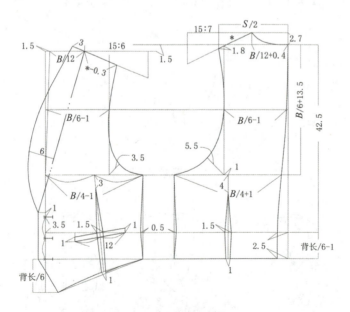

图 8-19 燕尾服马甲结构图

第三节 马甲的结构设计

5. 制图要点

燕尾服马甲结构设计基本与西装马甲相同,可以直接利用五粒扣马甲作为基本型进行纸样处理,完成结构设计。由于衣长和前摆追加量的设计较为保守,故侧缝下端不必进行开衩设计。为使其具有较好的运动舒适性,袖窿的开深度较大,前肩线设计小于后肩线,为归拔处理提供设计条件。

四、休闲马甲

1. 款式图

休闲马甲款式如图8-20所示。

2. 款式特点

前中拉链设计的休闲马甲穿着轻松随意、实用、大方;辑明线,多袋,颜色多采用黑色、深咖啡色、米色等。

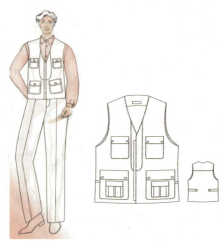

图8-20 休闲马甲款式

3. 成品规格设计(170/88A,见表8-3)

表8-3 170/88A 休闲马甲成品规格设计

单位:cm

部 位	规 格	设计依据
衣 长	59	0.4号 +6
胸 围	104	净胸围 +16
肩 宽	39	净肩 −3.5
领 围	44	颈围 +7

4. 结构图

休闲马甲结构如图8-21所示。

第八章

马甲的结构设计

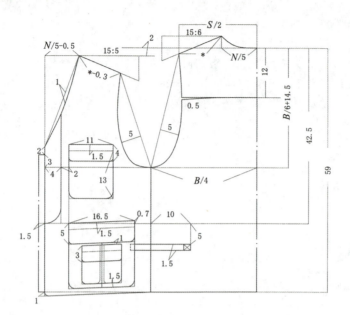

图 8-21　休闲马甲结构　单位：cm

第四节 女式马甲的结构设计

一、女士基本型马甲

1. 款式图

女式基本型马甲款式如图 8-22 所示。

图 8-22　女式基本型马甲款式

2. 款式特点

①V 形领、窄肩、四粒扣、前左右各有两腰省、两口袋。
②着装在羊毛衫外呈半紧身造型。
③面料可采用羊毛、棉以及合成纤维等织物。

3. 成品规格设计（160/83A，见表 8-4）

表 8-4　160/83A 女式基本型马甲成品规格设计

单位：cm

制图部位	胸围	肩宽	衣长
成品规格	90（+7）	30	45（+7）

4. 原型准备

①后片：由于是窄肩，肩省不做合并。
②前片：1.5 cm 袖窿省做省转移至前腰省处，其余做松量；前中应追加 0.7 cm 左右面料厚度。
③由于马甲较短，应修饰出人体高挑的感觉，腰节线也应提高 1~2 cm。
④其他如图 8-23、图 8-24 所示。

5. 原型应用结构图（如图 8-23 所示）

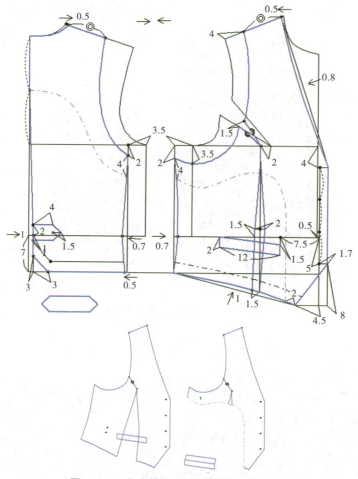

图 8-23　女式基本型马甲结构　单位：cm

二、女士背空马甲

1. 款式图

女士背空马甲款式如图 8-24 所示。

图 8-24　女式背空马甲款式

2. 款式特点

①V 字形领、后背胸围线上空、四粒扣、刀背缝分割线突出服装的立体感。
②着装在衬衫外呈紧身造型。
③面料可采用羊毛、棉以及合成纤维等织物。

3. 成品规格设计（160/83A，见表 8-5）

表 8-5　160/83A 女士背空马甲成品规格设计

单位：cm

制图部位	胸围	衣长
成品规格	90（+4）	42(+4)

4. 原型准备

①后片：肩省不做合并，胸围减小 1 cm，袖窿深开深 3 cm。
②前片：前横领开大 1 cm，1/3 袖窿省作为松量，另 2/3 省隐藏在刀背缝分割线中，胸围减小 1 cm，袖窿深开深 3 cm。
③前后肩线合并配领。
④其他如图 8-25 所示。

第八章
马甲的结构设计

5. 原型应用结构图

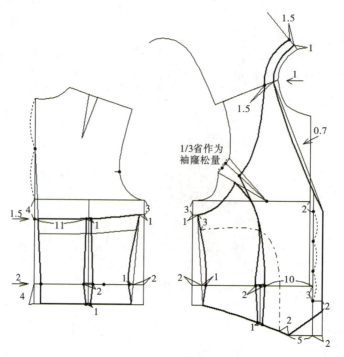

图 8-25　女士背空马甲结构　单位：cm

第九章　男、女西装的结构设计

知识目标

了解男西装的穿着起源、演变、分类、常用面料、穿着法则及色彩运用等相关知识。学习男西装的规格设计，男礼仪西装、男日常西装、男休闲西装及四开身女西装的款式特点、面料成分、号型、成品规格、制图要点等内容。

技能目标

掌握西装的穿着法则与色彩运用技巧，熟记男礼仪西装、男日常西装、男休闲西装及四开身女西装的结构设计要点。

情感目标

理解变化男、女西装的结构设计变化原理，通过对变化款式的分解，使学生能够举一反三进行款式设计变化，增加结构设计的设计性与趣味性。

第九章

男、女西装的结构设计

 思维导图

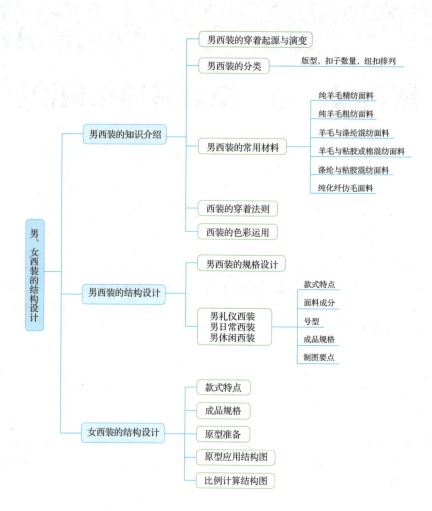

西装又称"西服""洋装",广义指西式服装,是相对于"中式服装"而言的欧系服装。狭义指西式上装或西式套装,它一般分为三件套西装(包括马甲,也称马甲)、二件套西装和单件西装三种。

西装的基本形制为:翻驳领;翻领驳头(分戗驳角和平驳角),在胸前空着一个三角区呈"V"字形;前身有三个口袋,左上胸为手巾袋,左右摆各有一个有盖挖袋、嵌线挖袋或贴线袋;下摆为圆角、方角或斜角等;有的开两条或一条背衩;袖口有真开衩和假开衩两种,并钉衩纽(如图9-1所示)。

西装的主要特点是外观挺括、线条流畅、穿着舒适。通常是男性公司企业从业人员、政府机关从业人员在较为正式的场合着装的首选。西装之所以长盛不衰,很重要的原因是它拥有深厚的文化内涵,若配上领带或领结,则更显得高雅典朴、潇洒大方,一派绅士风度。

图9-1 男式西装

第一节
男西装的知识介绍

一、男西装的穿着起源与演变

男西装源于北欧南下的日耳曼民族服装。据说当时是西欧渔民穿的,他们终年与海洋为伴,在海里谋生,着装散领、少扣,捕起鱼来才会方便。它以人体活动和体形等特点的结构分离组合为原则,形成了以打褶(省)、分片、分体的服装缝制方法,并以此确立了流行当今的服装结构模式。也有资料显示,西装源自英国王室的传统服装。它是同一面料成套搭配的三件套装,由上衣、马甲和裤子组成,在造型上延续了男士礼服的基本形式,属于日常服中的正统装束,使用场合甚为广泛,并从欧洲影响到国际社会,成为世界指导性服装,即国际服。

19世纪40年代前后,西装传入中国。来中国的外籍人和出国经商、留学的中国人多穿西装。

第九章

男、女西装的结构设计

中国第一套国产西装诞生于清末，是"红帮裁缝"为知名民主革命家徐锡麟制作的。中国人开的第一家西装店是由宁波人李来义于 1879 年在苏州创办的李顺昌西装店。

19 世纪 50 年代以前的西装并无固定式样：有的收腰，有的呈直筒型；有的左胸开袋，有的无袋。

19 世纪 90 年代西装基本定型，并广泛流传于世界各国。

20 世纪 40 年代，男西装的特点是宽腰小下摆，肩部略平宽，胸部饱满，领子翻出偏大，袖口较小，强调男性挺拔的线条之美和阳刚之气。

20 世纪 50 年代前中期，男西装趋向自然洒脱，但变化不明显。20 世纪 60 年代中后期，男西装普遍采用斜肩、宽腰身和小下摆。此时期的男西装的领子和驳头都很小，具有简洁而轻快的风格。

20 世纪 70 年代男西装又恢复到 40 年代以前的基本形态，即平肩掐腰。

20 世纪 70 年代末期至 80 年代初期，西装又有了一些变化。主要表现为腰部较宽松，服装的造型古朴典雅并带有浪漫的色彩。

二、男西装的分类

西装主要有西套装和单件西便装两种，也可以分为单排纽或双排纽、单开衩或双开衩以及无开衩等类，还有两粒纽和三粒纽、戗驳领和平驳领的区别。尽管西装已经成为男装中的经典，但是它也有很多流行变化，不仅有种类之别、驳领宽窄之别，还有肩、襟、袋以及色彩、面料的时尚因素整合上的变化。

1. 按版型分类

按版型分为欧版西装、法式西装、英版西装、美版西装、日版西装（如图 9-2 所示）。

欧版西装　　　　法式西装　　　　美版西装　　　　日版西装

图 9-2　男西装分类

（1）欧版西装

通常为倒梯形造型、口袋和衣身贴服、有垫肩、裁剪合身。其中意大利西装后背略松，因穿着舒适、做工精细而受到中国市场的认可，如阿玛尼（ARMANI）、杰尼亚（Zegna）和伯爵莱利（Pal Zileri）。

第一节 男西装的知识介绍

（2）法式西装

更加强调合体性，典型如浪凡（LANVIN），而迪奥（Dior）的收腰合身式样则更加受到时尚人士的追捧。

（3）英版西装

通常比较传统，有垫肩、两侧开衩、收腰造型、口袋略下垂，一般采用条纹和格子花呢的材料，其风格和造型严谨甚至有种军服的味道。但是保罗·史密斯（Paul Smith）一改英式的坚硬，从各方面引入时尚的要素，使得英式西装再次成为现代男人的精致时尚。

（4）美版西装

肩线自然、后背开衩或无衩、口袋略下垂，典型如拉尔夫·劳伦（Ralph Laurer）以及卡文克莱（CK）等，充分体现了美国服装实用随意的个性。

（5）日版西装

借鉴了欧陆式和英式西装的特点，同时，充分考虑到日本人的体型特点，有垫肩、上衣收腰、口袋平服、衣长较短，非常合身的款型几乎让人没有充分活动的空间。

（6）中国改良型西装

主要是根据中国人的衣着习惯，结合各国版型特点加以改造而来，比如，国人所熟知的雅戈尔西装。

2. 按扣子的数量分类

按扣子的数量可分为一粒扣、两粒扣、三粒扣、四粒扣西装。

（1）一粒扣西装

其纽扣与上衣袋口处于同一水平线上，这种款式源于美国的绅士服，最初在庆典和宴会等庄重场合穿着，20世纪70年代较为流行，如今不多见，如图9-3所示。

（2）两粒扣西装

两粒扣西装分单排扣和双排扣。单排两粒扣西装最为经典，穿着普遍，成为男西装的基本式样，并从纽扣位置的高低和驳领开头的变化反映出不同风格。双排两粒扣西装多为戗驳领，下摆方正，衣身较长，具有严谨、庄重的特点。两粒扣西装如图9-4所示。

第九章

男、女西装的结构设计

图 9-3　一粒扣西装

图 9-4　两粒扣西装

（3）三粒扣西装

它的特点是穿着时只扣中间一粒扣或上两粒扣，风格庄重、优雅，如图 9-5 所示。

（4）四粒扣西装

它的特点是穿着时只扣中间二粒扣或上三粒扣，风格庄重、优雅，如图 9-6 所示。

图 9-5　三粒扣西装

图 9-6　四粒扣西装

3. 按西装的纽扣排列分类

按西装的纽扣排列分为单排扣西装上衣与双排扣西装上衣。

（1）单排扣的西装上衣

最常见的有一粒纽扣、两粒纽扣、三粒纽扣三种。一粒纽扣、三粒纽扣单排扣西装上衣穿起来较时髦，而两粒纽扣的单排扣西装上衣则显得更为正式一些。男装常穿的单排扣西装款式以两粒扣、平驳领、高驳头、圆角下摆款为主，如图 9-7 所示。

（2）双排扣的西装上衣

最常见的有两粒纽扣、四粒纽扣、六粒纽扣三种。两粒纽扣、六粒纽扣的双排扣西装上衣属于流行的款式，而四粒纽扣的双排扣西装上衣则明显具有传统风格。男子常穿的双排扣西装是六粒扣、戗驳领、方角下摆款。

至于西装后片开衩分为单开衩、双开衩和不开衩，单排扣西装可以选择任意一种形式，而双排扣西装则只能选择双开衩或不开衩。双排扣西装如图9-8所示。

图9-7 单排扣西装

图9-8 双排扣西装

三、男西装的常用材料

常用西装面料主要有以下几种：纯羊毛精纺面料、纯羊毛粗纺面料、羊毛与涤纶混纺面料、羊毛与粘胶或棉混纺面料、涤纶与粘胶混纺面料、纯化纤仿毛面料。西装的面料是决定西装档次的重要标志之一，当然，并非唯一的标志。

1. 纯羊毛精纺面料

100％羊毛，大多质地较薄，呢面光滑，纹路清晰。光泽自然柔和，有膘光。身骨挺括，手感柔软而弹性丰富。紧握呢料后松开，基本无皱褶，即使有轻微褶痕也可在很短时间内消失。属于西装面料中的上等面料，通常用于春夏季西装。容易起球，不耐磨损，易虫蛀，易发霉。

2. 纯羊毛粗纺面料

100％羊毛，大多质地厚实，呢面丰满，色光柔和而膘光足。呢面和绒面类不露纹底。纹面类织纹清晰而丰富。手感温和，挺括而富有弹性。属于西装面料中的上等面料，通常用于秋冬季西装。容易起球，不耐磨损，易虫蛀，易发霉。

3. 羊毛与涤纶混纺面料

阳光下表面有闪光点，缺乏纯羊毛面料柔和的柔润感。毛涤（涤毛）面料挺括但有板硬感，并随涤纶含量的增加而越发明显。弹性较纯毛面料要好，但手感不及纯毛和毛腈混纺面料。紧握呢料后松开，几乎无褶痕。属于比较常见的中档西装面料。

4. 羊毛与粘胶或棉混纺面料

光泽较暗淡。精纺类手感较疲软，粗纺类则手感松散。这类面料的弹性和挺括感不及纯羊毛和毛涤、毛腈混纺面料。但是价格比较低廉，维护简单，穿着也比较舒适。属于比较常见的中档西装面料。

5. 涤纶与粘胶混纺面料

属于近年出现的西装面料，质地较薄，表面光滑有质感，易成形不易皱，轻便潇洒，维护简单。缺点是保暖性差，属于纯化纤面料，适用于春夏季西装。在一些为年轻人设计西装的时尚品牌中较常见，属于中档西装面料。

6. 纯化纤仿毛面料

这是传统以粘胶、人造毛纤维为原料的仿毛面料，光泽暗淡，手感疲软，缺乏挺括感。由于弹性较差，极易出现皱褶，且不易消退。从面料中抽出的纱线湿水后的强度比干态时有明显下降，这是鉴别粘胶类面料的有效方法。此外，这类仿毛面料浸湿后发硬变厚。属于西装面料中的低档产品。

一般情况下，西装面料中羊毛的含量越高，代表面料的档次越高，纯羊毛的面料当然是最佳选择。但是近年来，随着化纤技术的不断进步和发展，纯羊毛的面料在一些领域也暴露出它的不足，比如笨重、容易起球、不耐磨损，等等。

西装的品质除了与面料的选择有关外，与选用的辅料和覆衬工艺有密切的关系。随着科学技术的进步和新型纺织材料的开发，现代西装制作所用的面料和辅料与以往相比也有很多变化。新风格西装不仅在毛料的选用上趋向更加轻薄和富有现代感，而且辅料的选用也有很多不同，如纺黏合衬的底布，比过去更加柔软、轻盈，有弹性，热熔胶的品种、涂层方式和后整理加工工艺等也都有很多改进。使用的黑炭衬和包芯马尾衬以及胸绒的单位质量更轻，手感、弹性和回复性更好。衬里的材料柔软滑爽，吸湿透气，抗静电性能更好。里衬和衬里的环保性能，如游离甲醛的含量和有毒、有害染化料的限用等都有了更严格的标准，这些都使西装的品质得到了进一步的提高，使穿着更加安全舒适。

四、西装的穿着法则

现代男士西装基本上是沿袭欧洲男性服装的传统习惯而形成的，其装扮行为具有一定的礼仪意义，西装的穿着有着不成文的规范，并包含着诸多细节：

第一节 男西装的知识介绍

西装长度在手臂自然下垂时及拇指第一关节为佳；两粒扣西装只系上面的扣子，三粒扣西装系中间或上部两粒扣；西装袖口的商标要取下；手巾袋只能放置折叠扁平的手帕，不宜放置其他东西；正式场合只能穿暗袋的上装。

衬衫领在后颈部可高于西装领 1.5 cm；衬衫袖口应露于西装袖口外 1.5 cm；衬衫的外边和领尖必须被西装领遮盖；领带的结要正好处在衬衫领口的正中间且不滑动，系好领带后，领带尖正好触及皮带；西装长裤前面盖及鞋面，后面离地 2 cm；袜子颜色应与西装同色或深色，忌用白色，袜子长度要保证坐下来不露腿部；西装一定要配皮鞋，注意鞋子色彩、风格和服装的统一；皮带的颜色要与皮鞋协调；西装内除衬衫外不要穿太多。

如果有条件，定制西装最好。因为，成衣西装是按照一定的号型标准生产的，而西装对于合身性的要求非常严格。在雅戈尔等著名品牌的大型销售点中，均有定制业务。由于每个人的身材不同，而且根据统计，约 99% 的人双肩有高低，西装穿起来会有点斜。因此，即便不能定制，每一件新买到的西装都要进行重新调整和修改，腰身可能要收紧，袖子可能需变短，扣子需要重新对齐。

西装的魅力在于个人风格的塑造，细微之处才是精华所在，也是表现穿着者审美情趣和鉴赏水平的地方。当然，原则并不会一成不变，西装的穿法同样也随时尚发生变化。

五、西装的色彩运用

随着纺织染整技术的进步和新型材料的不断出现以及人们审美心理的不断发展，西装不再仅仅只有几种色彩而已。各种色彩、肌理的西装为更多的选择和搭配提供了可能，也对穿着者提出了更高的要求。

中国人肤色偏黄，不宜选黄色、绿色和紫色的西装。深蓝色、深灰暖性色、中性色等色系更加适合中国人，时下流行的炭灰色（单色、质地细密）以及炭褐色、深蓝色（单色或带素色斑点、条纹）和深橄榄色西装都是不错的选择。

肤色较暗的男士，也可以选择浅色系。而面孔白皙的人，则可以选用炭色、浅蓝色、灰色以及褐色系等单一色或夹灰色条纹的西装。适合色彩鲜艳、色调丰富、强烈对比条纹西装的男士，本身的肤色和发色的色调对比就很强烈。有一点需要注意的是，纵然现在人们的接受力已经足够强大，但是橙红、苹果绿等戏剧性色彩的西装还是会给人离经叛道的印象，要慎重选择。

现代社会的工作和社交场合多种多样，单单根据不同的季节准备三到四套不同材料的西装已经无法满足需要。严格来讲，如果经济条件允许，男士的西装应该准备 5~7 套才够。其中包括浅蓝色、灰色、褐色和黑色系列以及正式和便装式样（如图 9-9 所示）。

图 9-9 男西装色彩的运用

第二节 男西装的结构设计

一、男西装的规格设计

男西装的衣长以人体的身高（即号型的号）为基准，0.4 号 +5~6 cm，或根据款式要求在此基础上再适当地加减进行调节。

男西装的胸围以人体的净胸围（即号型的型）为基准，加放 18~20 cm。男西装的肩宽在人体的净肩宽基础上加放 3~4 cm。

男西装的袖长以人体的身高（即号型的号）为基准，0.3 号 +8 cm。

5.2 系列 A 型男西装规格见表 9-1。

表 9-1　5.2 系列 A 型男西装规格

单位：cm

部位＼号型	165/84	170/86	170/88	175/90	175/92	180/94	180/96	185/98	185/100
前衣长	74	76	76	78	78	80	80	82	82
后衣长（后中量）	72.3	74.3	74.3	76.3	76.3	78.3	78.3	80.3	80.3
胸围	104	106	108	110	112	114	116	118	120
肩宽	46	46.6	47.2	47.8	48.2	48.8	49.4	50	50.6
袖长	58.2	59.7	59.7	61.2	61.2	62.7	62.7	64.3	64.3
袖口大	13.7	13.9	14.3	14.5	14.7	14.9	15.1	15.3	15.5
大袋大	14.8	14.8	14.8	14.8	14.8	15.6	15.6	15.6	15.6
袋盖宽	6	6	6	6	6	6	6	6	6
手巾袋大	10.3	10.3	10.3	10.3	10.3	10.6	10.6	10.6	10.6
手巾袋宽	2.9	2.9	2.9	2.9	2.9	2.9	2.9	2.9	2.9

二、男礼仪西装

1. 款式特点（如图 9-10 所示）

男礼仪西装属于三开身结构，前中两粒扣圆摆，X 型合体造型，单排扣戗驳领，合体两片袖结构。左胸一个手巾袋，下摆两个嵌条挖袋，侧缝开衩。

图 9-10　男礼仪西装款式

2. 面料成分

毛涤（60% 毛，40% 涤）

3. 号型

170/88A

4. 成品规格（见表 9-2）

表 9-2　170/88A 男礼仪西装成品规格

单位：cm

制图部位	前衣长	胸围	肩宽	后衣长	袖长	袖口
成品规格	76	108	47.2	74.3	59.7	14.3

5. 制图要点（如图 9-11、图 9-12 所示）

①在原型的基础上后横领开宽 1 cm，同时半身围度增大 1 cm。

②此款是三开身 X 型合体结构，省道主要集中在侧腰及背中。侧腰一般取 4~5 cm，背取 2~2.5 cm。

③口袋处设置 0.5~0.7 cm 的腹省。

④侧衩长 22~24 cm。

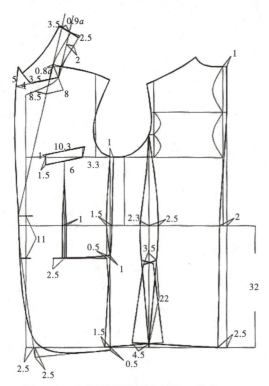

图 9-11 男礼仪西装衣身结构　单位: cm

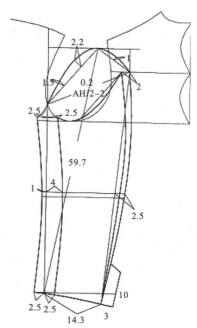

图 9-12 男礼仪西装袖子结构　单位: cm

三、男日常西装

1. 款式特点（如图 9-13 所示）

男西装属于三开身结构，前中三粒扣圆摆，X 型合体造型，单排扣平驳领，合体两片袖结构。左胸一个手巾袋，下摆两个嵌条挖袋并装有袋盖，后中开衩。

2. 面料成分

毛涤（60% 毛，40% 涤）

3. 号型

170/88A

图 9-13 男日常西装款式

4. 成品规格（见表 9-3）

表 9-3　170/88A 男日常西装成品规格

单位: cm

制图部位	前衣长	胸围	肩宽	后衣长	袖长	袖口
成品规格	76	108	47.2	74.3	59.7	14.3

第二节 男西装的结构设计

5. 制图要点（如图 9-14、图 9-15 所示）

①此款是三开身 X 型合体结构，省道主要集中在侧腰及背中。侧腰一般取 4~5cm，背中取 2~2.5 cm。

②口袋处设置 0.5~0.7 cm 的腹省。

③后衩位长 22~24 cm。

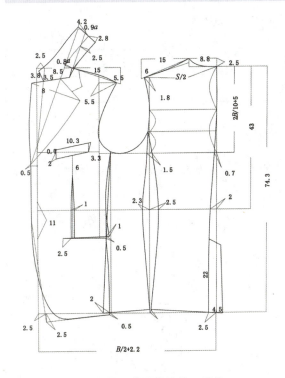

图 9-14　男日常西装结构　单位：cm

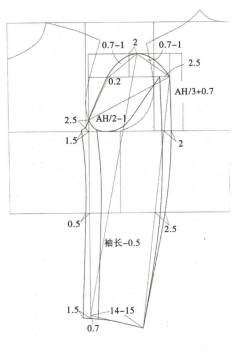

图 9-15　男日常西装袖子结构　单位：cm

四、男休闲西装

1. 款式特点（如图 9-16 所示）

男休闲西装属于三开身结构，前中一粒扣圆摆，H 型较合体造型，单排扣燕尾领，合体两片袖结构。肩部有肩贴设计，左胸一个嵌条袋盖挖袋，下摆两个嵌条袋盖挖袋，袖肘部有袖贴设计。

2. 面料成分

毛涤（60% 毛，40% 涤）

图 9-16　男休闲西装款式

163

3. 号型

170/88A

4. 成品规格（见表9-4）

表 9-4　170/88A 男休闲西装成品规格

单位：cm

制图部位	前衣长	胸围	肩宽	后衣长	袖长	袖口
成品规格	68.5	106	44.8	66.5	60	14

5. 制图要点（如图9-17、图9-18所示）

①此款是三开身H型较合体结构，省道主要集中在侧腰，侧腰一般取5~6 cm，由于背中辑明线的工艺要求，背中省道取1~1.5 cm。

②由于下摆斜袋的工艺要求袋口不做腹省，只做菱形省处理。

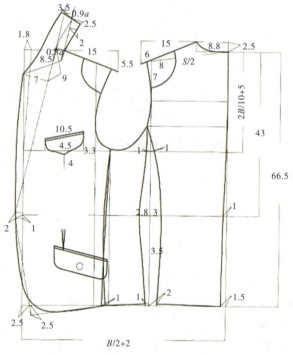

图 9-17　男休闲西装结构　单位：cm

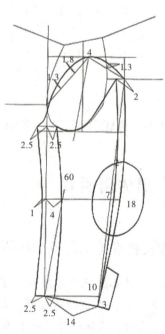

图 9-18　男休闲西装袖子结构　单位：cm

第三节 女西装的结构设计

女性西装由男性西装演变而来，西装的基本形制为：翻驳领；翻领驳头、分戗驳角和平驳角，在胸前空着一个三角区呈 V 字形（如图 9-19 所示）；前身有三只口袋，左上胸为手巾袋，左右摆各有一只有盖挖袋、嵌线挖袋或贴线袋；下摆为圆角、方角或斜角等；有的开背衩；袖口有真开衩和假开衩两种，并钉衩纽三粒。按门襟的不同，可分为单排扣和双排扣两类。

在基本形的基础上，部件则常有变化，如驳头的长短、翻驳领的宽窄、纽数、袋形、开衩和装饰等，而面料、色彩和花型等则随流行而变化。做工分精做和简做两种。前者采用的面料和做工考究，为前夹后单或全夹里，用黑炭衬或马棕衬做全胸衬；后者则采用普通的面料和简洁的做工，以单为主，不用全胸衬，只用挂面衬或一层黏合衬，也有的采用半夹里或仅有托肩。其款式也随着时代的变化而有所变化。

1. 款式特点（如图 9-20 所示）

①三粒扣、戗驳领、四开身结构、利用刀背缝分割线突出服装的立体感。
②着装在羊毛衫外属合体西装。

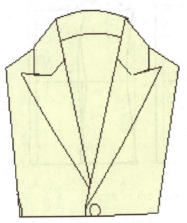

图 9-19 女西装 V 形领

图 9-20 女西装款式

第九章
男、女西装的结构设计

2. 成品规格（160/83A，见表 9-5）

表 9-5　160/83A 女西装成品规格

单位：cm

制图部位	胸围	肩宽	衣长	腰围	臀围	袖长	袖口
成品规格	95（+12）	40	58（+20）	74（+12）	103（+12）	56	14

3. 原型准备

①后片：肩省合并 1/2，后横领开大 0.7 cm，由于装垫肩，胸围开大 0.8 cm。
②前片：偏胸合并 1/3 袖窿省，另 2/3 袖窿省隐藏在刀背缝分割线中。
③其他如图 9-21~图 9-24 所示。

4. 原型应用结构图（如图 9-21、图 9-22 所示）

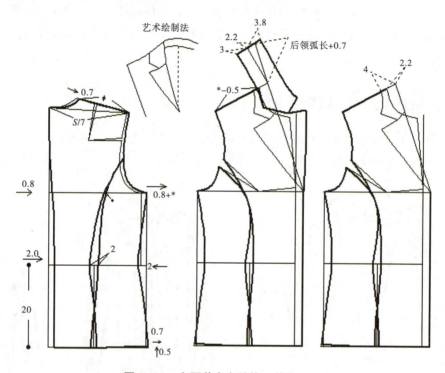

图 9-21　女西装衣身结构　单位：cm

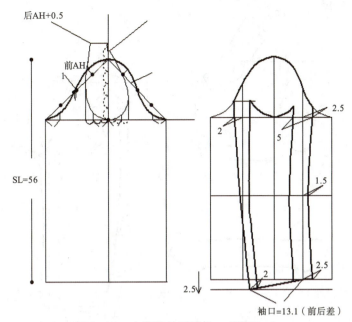

图 9-22 女西装袖子结构　单位：cm

5. 比例计算结构图（如图 9-23、图 9-24 所示）

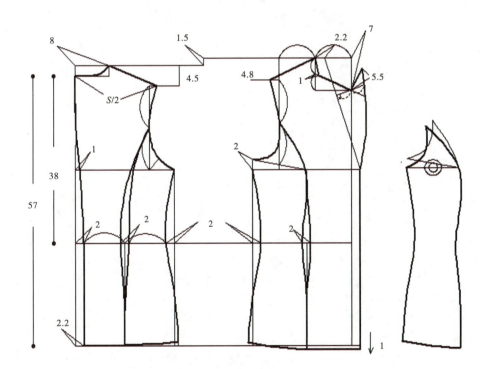

图 9-23 女西装衣身比例计算结构　单位：cm

男、女西装的结构设计

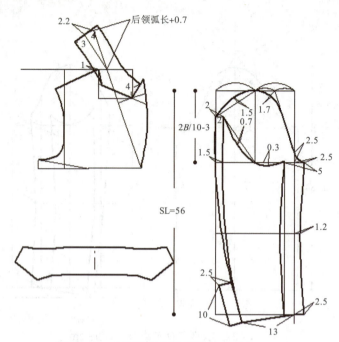

图 9-24　女西装袖子计算结构　单位：cm

第十章 男、女外套的结构设计

知识目标

了解男外套的穿着起源、演变、分类、特点、类型及常用面料,大衣的类型、大衣轮廓、袖子、装饰、口袋、领型的变化。了解男外套的规格设计以及巴尔玛外套、前装袖后插肩袖外套、装袖风衣、女大衣的款式特点、成品规格、结构设计等。

技能目标

根据巴尔玛外套、前装袖后插肩袖外套、装袖风衣、女大衣的款式特点,分别进行相应的结构设计与纸样制作,从而掌握外套的结构设计原理和技巧。

情感目标

基于外套的结构原理及其结构变化原理,培养学生达到举一反三的能力,进而达到灵活运用的能力,为服装设计和服装结构设计增添乐趣。

第十章
男、女外套的结构设计

 思维导图

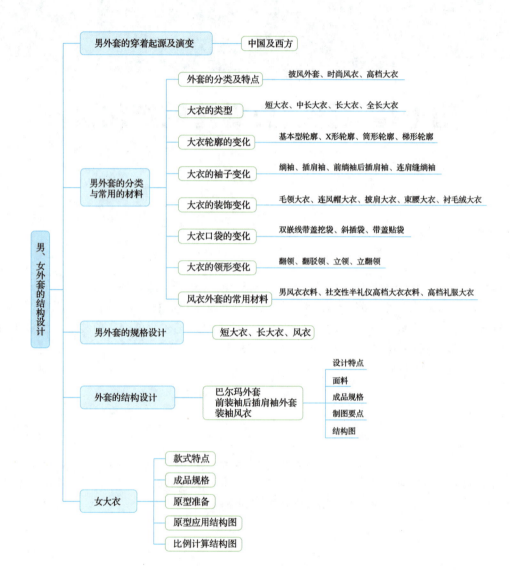

大衣、风衣是男性日常外套的基本品种。外套的原本功能是用来防风、防寒、防尘、防雨的，社会的进步使外套的功能不断分化，除了上述原本的功能以外，有些外套被用作礼仪场合的着装以及用来追求时尚。

就结构设计而言，大衣与风衣的衣身、领子、袖片结构大同小异，有时同样的款式选用中厚材料制作就是大衣，若采用薄型织物制作则为风衣，因此很难从衣片的结构形态角度来说明二者的不同。为此，我们将大衣与风衣作为男装的一个大类品种放在一个章节中进行叙述。但因二者穿着目的、场合及制作材料不同，其结构设计要求与方法还是有所差别的。

大衣的穿着目的主要是用来保暖，一般在冬季穿着，材料大多采用中厚型毛呢类织物。大衣的样式较之风衣更为程式化，规格配置相对合体，造型相对严谨。由于中厚型毛呢类织物具备良好的归拔性能，因此，大衣的纸样设计比较讲究且能够讲究差异匹配。风衣的样式较之大衣更为时尚化，在衣片结构中较多采用与其说是功能性的不如说是装饰性的零部件，规格配置相对宽松，结构设计追求潇洒飘逸的效果。风衣主要用来防风、防雨、防尘，面料通常选用高密度薄型织物。因为，材料质地紧密，在缝制中较难施加归拔工艺，因此，在纸样设计中对缝边部位差异匹配设计不用很讲究。

第一节 男外套的穿着起源及演变

外套也称大衣，是穿在衣服最外面的服装，具有保护身体的实用性和显示人体形体美的装饰性两大功能，如图10-1所示。

图10-1　男士大衣

第十章

男、女外套的结构设计

现代的男大衣、外套泛指西式的男大衣和外套。从历史渊源上看，大衣和外套最早产生于中国先秦时期，距今已约 2 500 年以上的历史。

先秦时期的男外套有两类：一类是在单衣外面穿的套衫，另一类是皮袍外面穿的罩衫。单衣最外面穿的套衫称为"表"；皮袍外面套的罩衫称为"裼"。和现代的男外套一样，先秦时期的男外套也具有两大功能，一是保护身体，保护内衣，具有实用性功能；二是为了装饰人体和礼仪需要。

汉代《说文解字》提道："表，上衣也。"《礼·丧大记》提道："袍必有表。"先秦袍是内衣，强调袍外面必须穿一件外套。《论语·乡党》还规定："当暑，袗絺绤，必表而出之。"意思是指炎热的夏天，在家里可穿葛麻织的单衫，但外出时必须穿一件外套，才符合礼仪的要求。

先秦时代，男性穿的皮袍"裘"的外面必须穿一件罩衣"裼"。为什么？《礼记·玉藻》提道："裘之裼也，见美也。……见裼衣之美，以为敬也。"就是说，在皮袍外面罩外套不仅为了保护"裘"，为了装饰美，而且是为尊敬别人或受人尊敬的礼节要求。因而古代有一句绝妙的成语："锦衣狐裘"。高贵的狐狸皮袍必须外套锦衣。锦衣即指"裼"。

公元前 3—6 世纪，魏晋南北朝时期，男女广泛习惯穿披风、斗篷和套衣。当时披风、斗篷又叫"假钟"；到了清代斗篷更为流行而且设计制作更精致，俗称为"一口钟"。和现代的披风、风衣的作用相似，披风、斗篷一是御寒、挡风，二是外出时作为披裹、扮装的外套。

在西方，大衣或外套最初只见于古代波斯帝国遗址的壁画中。直到公元 14—15 世纪，外套才在欧洲流行，但款型和结构都比较简单，多是披风或斗篷。

直到 18—19 世纪，伴随西装套装、翻领西式大衣的出现，外套才基本形成。最初，大衣主要用来保暖，之后用来显示身份；第一次世界大战后，现在的大衣款型结构随着套装广泛流行才定型普及，成为必不可少的外出装。社交服和礼服套装、西式大衣传入中国并逐步普及，也是在 20 世纪初以后，特别是在改革开放、中西方服饰文化交流的大背景下形成的。

西式大衣、外套和风衣是高档男装中的重要服饰品类。尽管目前办公室里可以保持四季如春，尽管很多现代人已经以车代步，但是在秋风冬雪中，上下班时的大衣、风衣和外套仍然不可或缺，它们不但给你必需的温暖，更是绅士风度和潇洒外观的微妙展示。

大衣和风衣自工业化时代以来一直被作为男性风度的最佳表现道具之一。即使在后现代社会，伦敦雾和雅格诗丹的老款风衣，还是让很多男士无法释怀，一如女人们看到路易威登（LV）的包那样有种迫不及待的拥有欲。它们的款式变化并不大，长度有短、中和长过膝盖之别，式样有单排和双排纽扣之分，还有是否收腰的变化，通常按照体型和审美偏爱而定。但是，当今的风衣和大衣开始拥有丰富的流行细节，如履肩的有无和单双、祥带的设置以及领形和袋形的变化。像普拉达（PRADA）、LV 推出的腰部贴身设计的大衣，用精致的裁剪线条突破了传统样式，把男性的线条展现无遗，绅士风度中有些许不羁，正统而又不失男人性感。夹里的花哨则是现代设计师为解除大衣和风衣较为朴素的外观而设置的时尚刺激元素。

现代科学的发展为风衣和大衣提供了宽泛的材料选择，并赋予服装以鲜明的特性。例如，粗毛大衣呢的凝重大气、羊绒的柔软轻盈、高密度织物的防风透气等。单、双面涂层的羊毛织物以及防风防水的新型合成材料等也为此类服装提供了新的选择。

如果觉得大衣和风衣较为老气和累赘，絮棉和夹层外套也可以成为体现活力和现代感的选择。当然，它们的长度以不过膝盖为宜。

现代休闲风衣如图 10-2 所示。

第一节 男外套的穿着起源及演变

图10-2　现代休闲风衣

对于办公室里的人，大衣和风衣也是一种伪装。如果你的办公室里有衣橱，不妨在上班路上穿自己钟爱的服装，到办公室后再行更换；如果下班后有安排而无法回家换装，大可在走出办公室的大门时先行更换好衣服。上下班的路途中，大衣里面的衣着无论是创意横生、离经叛道或者传统守旧，均在包裹之中。

对于很多男士来说，大衣和风衣还有一种作用，那就是在心理上提升男人气概，这也是近年来军旅风格在大衣及风衣设计中颇为流行的最主要原因。在昏暗飘雪的马路上，一袭至小腿的深蓝羊绒大衣，衣领竖起，再夹一份高品位报纸，自然会吸引路人羡慕或者爱慕的目光。

第二节 男外套的分类与常用的材料

一、外套的分类及特点

男大衣、男外套从实用性、装扮性和礼仪性三个方面，基本上可分为三个品类和多种款型结构。

1. 披风外套

早期的外套或大衣，包括披风、斗篷等，是一种衣身完全遮盖肩和手臂的钟形外衣，可作为外出的简式装扮。除特殊情况外，披风、斗篷在男外套中已不流行。

2. 时尚风衣

时尚风衣是高档男大衣、男外套中派生演化出来的一种春秋季男性时尚外套，实用性、装饰性和社交礼仪等三种功能俱全，能和西装、中山装、职业服、夹克衫、休闲装等多种服饰配套，被称为"万能"型的半正式礼仪装，是能适应外出、社交和日常礼仪场合的高档外套。它以独特、潇洒和端庄随意的款型结构和风采，深受男性的青睐和喜爱，因而广泛流行。

风衣外套问世，已有近百年的历史。第一次世界大战中，英国陆军常在风雨中进行堑壕战。军服商设计开发了堑壕防水大衣，被称为"堑壕服"，为了具有防风、防雨、防寒功能，活动方便，并具有军装威严大方的男士风采，在款型结构上进行了多功能设计。

战后，军人专用的"堑壕服"由服装设计师逐步演化设计为生活化社交礼仪性外套大衣。堑壕服的一系列特殊功能、功效被历史的风云冲淡了，但它的功能，如肩袢、袖袢、雨披（覆势）、开关两用驳领、插肩袖等，作为服装的历史文化和男外套的风格，仍然保留下来并被广泛采用。款式多为H型。

改革开放以来，风衣外套已成为我国流行的高档长外套之一，款型结构在保持历史风格和功能美的基础上进一步时尚化（如图10-3~图10-5所示）。

第二节　男外套的分类与常用的材料

图 10-3　时尚风衣（一）

图 10-4　时尚风衣（二）

图 10-5　时尚风衣（三）

3. 高档大衣（如图 10-6 所示）

现代男大衣也是在中西方服饰文化结合融会过程中不断发展和提高的，品种、款式也丰富多彩。大衣的质量、档次，主要从衣料的质地、大衣的内外层结构、制作工艺上划分和判别，一般分为高档和中低档。而高档大衣又按着装场合以及实用性和装饰性相结合的功能方面，分为日常社交高档大衣、高档社交礼仪大衣和高档职业制服大衣三类。

（1）日常社交高档大衣

按照国家标准规定，男高档大衣须具备"三高"条件：面料质地高档，必须以毛呢和毛型化纤交织面料为原料；大衣内外层结构高档，全里全衬，三角里袋，里料加绲条；制作工艺高档，须进行推、归、拔、烫处理等。

（2）高档社交礼仪大衣

高档社交礼仪大衣按照配装场合和用途功能可划分为：

①礼仪大衣：又细分为正式礼仪大衣、半正式礼仪大衣以及社交礼仪大衣。礼仪大衣款型结构为 X 型、吸腰式、稍扩摆的造型结构。在西方，正式高档礼仪大衣多为双排扣剑领（戗驳头），领面为缎面或丝绒材料。

②社交场合穿用的高档化、时尚化大衣。

图 10-6　高档大衣

（3）职业制服大衣

多为单大衣造型结构，比较端正、威严，有显著职业特征。多为箱式 H 型造型，讲究宽松、舒适。

二、大衣的类型

大衣的长度有四种基本的造型变化,即短大衣、中长大衣、长大衣和全长大衣等,如图 10-7 所示。大衣的款式如图 10-8~图 10-10 所示。

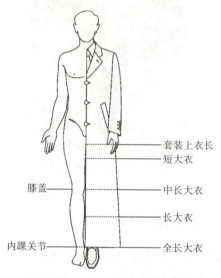

图 10-7　大衣长度分类示意图

图 10-8　大衣(一)

图 10-9　大衣(二)

图 10-10　大衣(三)

1. 短大衣

这是衣长在大腿中部附近的大衣,大衣长在 80 cm 左右。这类大衣既轻便又具有一定的保暖性,而且有很好的机能性。因此,短大衣也多作为运动型的大衣或轻便的大衣设计。

2. 中长大衣

这是衣长在膝盖附近的大衣，大衣长一般在 105 cm 左右。这也是日常大衣的基本长度，被广泛应用在各种大衣的造型设计中。

3. 长大衣

这是衣长在小腿中部附近的大衣，大衣长一般在 120 cm 左右。这类大衣具有很好的保暖性，虽然机能性会差一些，但能给人一种潇洒感，常用于防寒大衣和防风雨大衣的设计。

4. 全长大衣

这是指衣长至踝关节附近的大衣，衣长一般在 140 cm 左右。这类大衣虽然保暖性好，但不便于活动，多作为一种表现个性的大衣。

三、大衣轮廓的变化

大衣的轮廓也有四种基本的变化，包括基本型、X 型、筒型和梯型，如图 10-11 所示。

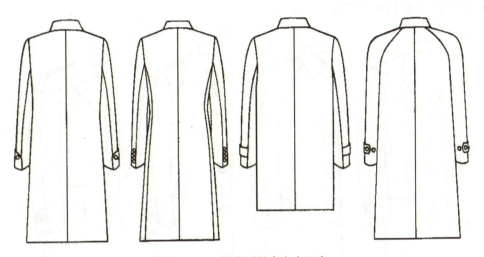

图 10-11　基本型轮廓大衣示意

1. 基本型轮廓大衣

这是指衣身采用四片结构，侧缝线靠近后背宽附近，并适当收腰和放摆的大衣。这种基本型轮廓的大衣，造型上较为宽松，被广泛用于各种日常的大衣中。

2. X 型轮廓大衣

这是一种收腰放摆的较合体的大衣造型。衣身采用的是同西装的六片结构,这种轮廓一般多采用在较为正统的礼服性大衣中。

3. 筒型轮廓大衣

这是一种直腰形的大衣轮廓,下摆宽同胸围宽。因此,为了便于活动,这种大衣衣长不宜过长。多用作短大衣的设计。

4. 梯型轮廓大衣

这是一种直线形放摆的大衣,是较为宽松的大衣轮廓,多用于宽松型的防寒大衣或风雨外套中。

四、大衣的袖子变化

大衣的袖子依据大衣的基本轮廓同样也有四种基本的构成,即绱袖、插肩袖、连肩缝绱袖和前绱袖后插肩袖(如图 10-12 所示)。

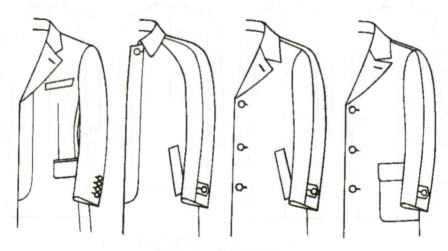

图 10-12 各种袖子示意

1. 绱袖

这是一种同于西装袖造型的大衣袖子,多用于 X 型礼服性大衣和基本型的日常大衣中。

2. 插肩袖

这是一种具有良好的机能性的大衣袖子，多用于外套和风衣中。

3. 前绱袖后插肩袖

这是一种结合了绱袖的合体性与插肩袖机能性的袖子，这种袖子多用于日常大衣和外套中。

4. 连肩缝绱袖

这是一种模仿插肩袖而破袖山线缝的袖子，是把袖子大片沿袖山高点向下破开，绱袖时再把袖山线缝与肩缝对齐。这种袖子可分别做出两片或三片袖结构，多用于一些日常大衣中。

五、大衣的装饰变化

大衣是一种实用性很强的服装，其中的许多装饰性的设计同样是具有实用性的。

1. 毛领大衣

这是在领面上采用动物毛皮作装饰的一种大衣。大衣配上毛领既具有很好的防寒性，如图10-13、图10-14所示。

图10-13　毛领大衣（一）

图10-14　毛领大衣（二）

2. 连风帽大衣

大衣中连风帽有两种形式，即连衣式和可拆卸式。连衣帽既具有很好的防寒、防风雨的功能性，同时也具有很好的装饰性，如图10-15所示。

第十章
男、女外套的结构设计

图 10-15　连风帽大衣

3. 披肩大衣

这是指在大衣的肩部另外做一层披肩的大衣。这种披肩的形式最早是用于风雨外套中，现在也被用于日常大衣的设计中。

4. 束腰大衣

这是指在腰部束腰的大衣。束腰大衣有两种形式，一种是如军大衣等，直接在后腰部镶入束腰腰带；而风衣等则是采用与大衣面料相同的面料制作的腰带在腰部系带的束腰方式。

5. 衬毛绒大衣

这是指利用毛绒面料做衬里的大衣。毛绒通过领子和袖口等向外翻出，既保暖又具有独特的装饰风格。

六、大衣口袋的变化

大衣的口袋是功能性和装饰性合二为一的，而且，大衣口袋的造型设计与大衣的风格是一致的，如图 10-16 所示。

1. 双嵌线带盖挖袋

这是同于西装上衣大袋的一种大衣口袋，在以实用性为主的大衣中，这种口袋是一种纯装饰性的设计，一般只用于礼服性的大衣中。

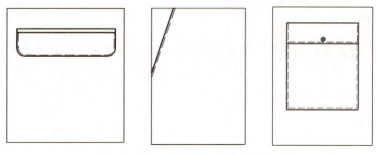

图 10-16　大衣口袋的变化

2. 斜插袋

这是一种以实用为主的大衣口袋，这种口袋造型既简单大方，又具有装饰性，而且插手便利，被广泛应用于日常大衣和风衣外套中。

3. 带盖贴袋

这是一种实用性和装饰性皆具备的大衣口袋，具有一种独特的风格，一般用于防寒性的日常大衣中。

七、大衣的领形变化

大衣的领形变化是很多的，几乎各种基本的领形都可以应用在大衣的领形设计中，如图 10-17 所示。

图 10-17　大衣的领形变化

1. 翻领

在大衣的领形中，翻领（还包括两用翻领和登翻领等）造型既简单又富有品位，经常应用在休闲型短大衣、日常大衣和轻便的外套中。

2. 翻驳领

这是比较庄重的领型，除了被用于礼服性大衣的领形设计外，日常防寒大衣中都可采用。

第十章 男、女外套的结构设计

3. 立领

立领虽然是一种最基本的领形，但在大衣中，立领一般只用于时装性的大衣或防寒性的羽绒大衣中。

4. 立翻领

这类领子一般只用在一些风衣外套中。

八、风衣外套的常用材料

高档男大衣、外套的主要功能是两个方面的统一结合：一是实用功能性，要能防寒、避风，衣料质地要较厚重；二是装饰性（特别是礼仪大衣），具有男性刚健、豪放、舒展、潇洒的风格、风采。

1. 男风衣衣料

风衣衣料分为两类：一类是较厚的防风防雨 T/C 府绸、塔夫绸、纯涤绸；另一类是较高档的毛料、毛涤交织衣料，颜色用米色、浅驼、中灰等色。

2. 社交性半礼仪高档大衣衣料

一般日常高档大衣、外套衣料可选配高档套装精纺呢衣料；冬、秋季大衣可选配以下几种：
①平厚大衣呢，呢面丰满，保暖性强。
②拷花大衣呢，呢料厚重、挺拔、保暖。
③纯毛或毛型化纤的大衣呢、海军呢等中厚型衣料。
④全毛华达呢、派力司、花呢等薄型精纺呢绒。

3. 高档礼服大衣

要求更注重外套的装饰性和功能美，衣料要适合着装者的穿着目的、场合、时间、色彩，质地与内套装相称。主要以礼服大衣呢为主的高档毛呢大衣衣料。如图10-18～图10-20所示。

图10-18　高档毛呢（一）

图10-19　高档毛呢（二）

图10-20　高档毛呢（三）

第二节 男外套的分类与常用的材料

男大衣的用料比较讲究，大多采用全羊毛或羊毛与化纤混纺织物。毛织物的优点很多，其弹性、保暖性、吸湿性、耐磨性等性能优良，能使服装经常保持挺括，穿着舒服，所以，非常适合作为大衣面料的制作材料。

毛织物分为精纺和粗纺两大种类。精纺织物呢面洁净，织纹清晰，手感顺滑，富有弹性；粗纺毛织物手感丰满，质地柔软，表面都有一层或长或短的绒毛覆盖，给人以暖和的感觉。

男大衣既可选用中厚型的精纺织物也可用粗纺织物，而风衣只能选用中厚型的精纺毛织物或棉织物。

男大衣适用的中厚型精纺面料与西装面料中的中厚型织物品种、质地与性能相同，粗纺织物中的大衣呢是冬季大衣的主要面料。大衣呢的主要种类有平厚大衣呢、顺毛呢、立绒大衣呢、拷花大衣呢等。

（1）雪花呢

雪花呢是平厚大衣呢的一种花色品种，重量在 430~700 g/m²，以散纤维染成黑色后再添加 5%~10%的本白羊毛，混合后经分梳，使白戗毛均匀分布于呢面，如雪花洒落在呢面上而得名。如图 10-21~图 10-23 所示。

图 10-21 雪花呢（一）

图 10-22 雪花呢（二）

图 10-23 雪花呢（三）

银枪呢是一种花式顺毛大衣呢，重量在 380~780 g/m²。其原料配比中掺入 10%左右的粗号马海毛，其余 90%为羊毛、羊绒或其他动物纤维。马海毛是一种安哥拉山羊的毛，非常有光泽。银枪呢使用本白马海毛与染成黑色的羊毛纤维等均匀混合，在乌黑的绒面中均匀地闪烁着银色发光的戗毛，美观大方，是大衣呢中的高档品种。如图 10-24、图 10-25 所示。

图 10-24 银枪呢（一）

图 10-25 银枪呢（二）

（2）拷花呢

拷花呢大衣是一种呢面拷出本色花纹的立绒型、顺毛型大衣呢，重量在 580~840 g/m²。呢面厚实，绒毛竖立整齐，呈人字、斜纹或其他形状的拷花织纹。如图 10-26~图 10-28 所示。

图 10-26　拷花呢（一）　　　图 10-27　拷花呢（二）　　　图 10-28　拷花呢（三）

（3）马裤呢

　　马裤呢是用精梳毛纺纱织制的斜纹厚型毛织物。为了强调它的坚牢耐磨以适用于骑马时穿的裤子制作而得名。如图 10-29～图 10-31 所示。

　　马裤呢呢面有粗壮突出的斜纹纹道，斜纹角度 63°～76°，结构紧密，手感厚实，而又有弹性，有时还在织物背面轻度起毛，丰满、保暖，它与巧克丁、华达呢属于同一类型织物，但重量较重。

图 10-29　马裤呢（一）　　　图 10-30　马裤呢（二）　　　图 10-31　马裤呢（三）

（4）羊绒大衣呢

　　羊绒大衣呢是高档新产品大衣面料。组织结构为变化斜纹组织，原料为 100% 山羊绒，或 50% 澳毛、50% 山羊绒。特点是重量轻、保暖性好、手感柔软细腻、光泽优雅。如图 10-32～图 10-34 所示。

图 10-32　羊绒大衣呢（一）　　图 10-33　羊绒大衣呢（二）　　图 10-34　羊绒大衣呢（三）

第三节 男外套的规格设计

外套的衣长以人体的身高（即号型的号）为基准，一般为 0.6 号，或从第七颈椎骨垂直向下量至膝盖上 3~5 cm 处，或根据款式要求从侧颈点向下量至适当的位置。

进行外套的胸围测量时要注意被测者的着装情况，为准确测定被测者的净胸围，以在只穿着一件衬衣基础上测量为基准，皮尺过胸部最丰满处水平围量一周，加放 24~32 cm，或根据款式要求酌情加放松量。

外套的肩宽从左肩点水平弧线量至右肩点，加放 4 cm 左右。

外套的袖长以人体的身高（即号型的号）为基准，长袖 0.3 号 +10~13 cm，或从肩点量至手掌虎口处，加放 1 cm 左右。

表 10-1~ 表 10-3 是外套、风衣的规格设计。

表 10-1　短外套规格设计（5.4 系列）

单位：cm

部位 型号	衣长	胸围	肩宽	袖长	领围
160/80	78	108	44.8	60	41.4
165/84	80	112	46	61.5	42.6
170/88	82	116	47.2	63	43.8
175/92	84	120	48.4	64.5	45
180/96	86	124	49.6	66	46.2

表 10-2　长外套规格设计（5.4 系列）

单位：cm

部位 型号	衣长	胸围	肩宽	袖长	领围
160/80	116	110	45.4	61	42
165/84	119	114	46.6	62.5	43.2
170/88	122	118	47.8	64	44.4
175/92	125	122	49	65.5	45.6
180/96	128	126	50.2	67	46.8

表 10-3 风衣规格设计（5.4 系列）

单位：cm

型号	部位				
	衣长	胸围	肩宽	袖长	领围
160/80	104	110	45.4	59	43
165/84	107	114	46.6	60.5	44.2
170/88	110	118	47.8	62	45.4
175/92	113	122	49	63.5	46.6
180/96	116	126	50.2	65	47.8

第四节 外套的结构设计

一、巴尔玛外套

1. 设计特点

这是一种日常穿在西装套装外面的外套。它最早出自英国的巴尔玛地区并作为风雨衣外套穿用的，因其造型风格简单、大方，深受不同层次，特别是知识阶层男性的喜爱。

翻驳领，单排暗扣，前侧两个斜插袋，衣身为箱形四片结构，后中缝底摆开衩。插肩袖，后袖口做袖扣袢。这是既可作为日常大衣又可作为日常外套穿用的款式，如图10-35所示。

2. 面料

厚华达呢、直贡呢等。

图 10-35　巴尔玛外套款式

3. 成品规格（见表 10-4）

表 10-4　巴尔玛外套成品规格

单位：cm

制图部位	衣长	胸围	肩宽	袖长	袖口	领围
成品规格	110	118	47	62	18	45
	号 3/5+X	型 + 24¯32	净 S+4	号 3/10+10¯13		3/10B+9

4. 制图要点

胸围松量：加放 27 cm。在前后侧缝中加进 4.5 cm，后中放出 1.25 cm。

大衣长：由腰节线往下按背长 ×1.5 的长度放出。

袖窿深：下落 4.5 cm。

后肩缝：向上增加 1 cm 的厚度。

前后领窝：后颈点提高 0.5 cm，前颈点下落 1.5 cm，画顺前后领窝线。

第十章

男、女外套的结构设计

5. 结构图（如图 10-36、图 10-37 所示）

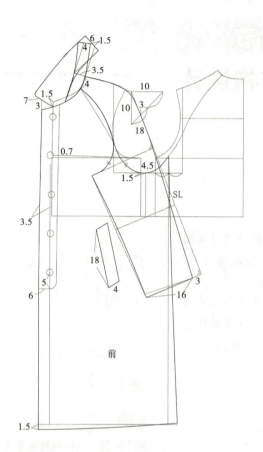

图 10-36　巴尔玛外套前片结构　单位：cm

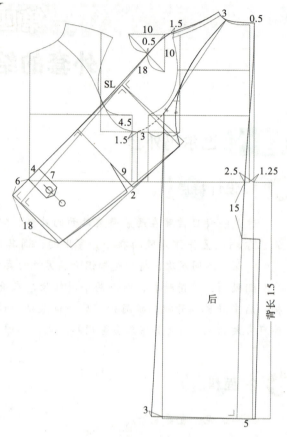

图 10-37　巴尔玛外套后片结构　单位：cm

二、前装袖后插肩袖外套

1. 设计特点

这是一款结合装袖和插肩袖两种结构为一体的外套。它从前面看是一般的绱袖款式，而从后面看又是插肩袖的款式。这种袖子，既富于变化，又具有同插肩的机能性。翻驳领、单排四粒扣，前侧两个斜插袋，衣身为箱形四片结构，后中缝底摆开衩。前装袖后插肩袖，后袖口做袖扣袢。这是既可作为日常大衣又可作为日常外套穿用的款式（如图 10-38 所示）。

2. 面料

厚华达呢、直贡呢等。

图 10-38　前装袖后插肩袖外套款式

第四节 外套的结构设计

3. 成品规格（见表10-5）

表10-5 前装袖后插肩袖外套成品规格

单位：cm

制图部位	衣长	胸围	肩宽	袖长	袖口	领围
成品规格	110	118	47	62	18	45

4. 制图要点

①胸围松量：加放 27 cm 左右。
②大衣长：由腰节线往下加长 60 cm。
③搭门宽：3.5 cm。

5. 结构图（如图10-39、图10-40所示）

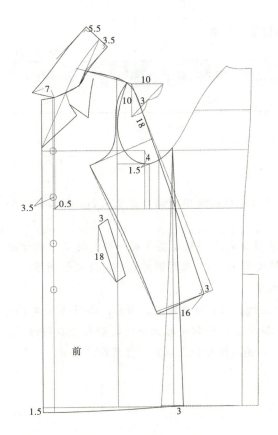
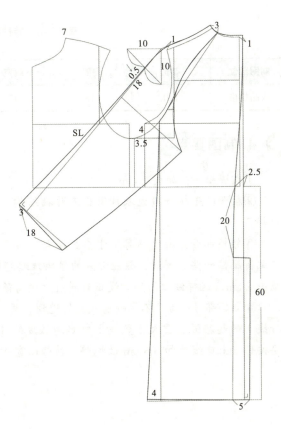

图10-39 前装袖后插肩袖外套前片结构　单位：cm　　图10-40 前装袖后插肩袖外套后片结构　单位：cm

三、装袖风衣

1. 设计特点

装袖的风衣虽然在机能性上会稍小于插肩袖，但装袖的风衣更具有男人味。另外，这款风衣领的前领座和领面是适当做出缺口的，这样前驳头翻下以后与领子是各自分开的，这种风衣领型更具有装饰性。（如图10-41所示）

2. 面料

经防水处理的棉涤斜纹布、毛华达呢等。

图10-41 装袖风衣款式

3. 成品规格（见表10-6）

表10-6 装袖风衣成品规格

单位：cm

制图部位	衣长	胸围	肩宽	袖长	袖口	领围
成品规格	110	118	47	62	18	45

4. 制图要点

①胸围松量：加放26 cm左右。

②袖子：先按一般大衣袖做出三片袖结构，然后在袖山缝中由袖口往上6 cm向后侧做袖口袢。

③领座部分：由于领窝尺寸基数较大，为了使独立的立翻领造型美观一些，就必须把领上口做得服帖一些，因此，领座部分的领脚线起翘较大为6 cm，在利用前后领窝弧线长制图时要减去2 cm，这样做出的领脚线正好同前后领窝弧线长。

④翻领部分：为了不影响前领座的造型，再加上翻领前领口比较宽，因此，翻领的上口（翻折线）的起翘弧度要大于领座上口起翘弧度的1倍左右，同时为防止合领时翻领上口线过长，要按领座上口线长加0.5 cm做吃势，前领面宽12.5 cm，按翻领上口线做直角线画出。

第四节 外套的结构设计

 5. 结构图（如图 10-42、图 10-43 所示）

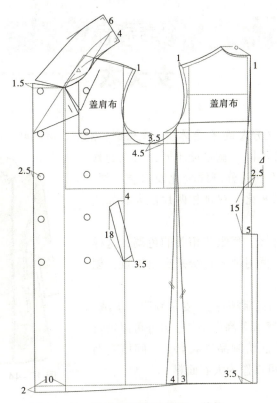

图 10-42　装袖风衣前片结构　单位：cm

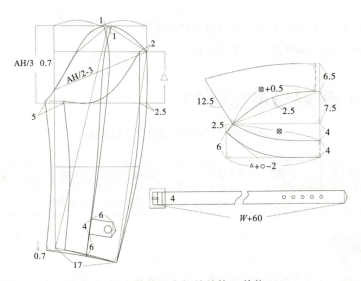

图 10-43　装袖风衣领袖结构　单位：cm

第十章 男、女外套的结构设计

第五节 女大衣

女大衣从款式造型上区分大致有：合体型、宽松型、锥型、披风型、微型等。大衣由于是外衣，根据里面穿的衣服的种类不同、宽松度不同，大衣的款式造型也要随之不同，还可随分割线变化及口袋、领、袖、缝制工艺线的变化而变化。双排扣两片袖大衣如图10-44所示。

大衣在色彩上应选用与全套服装相关的色调，这样容易与整体服装相协调。再用饰品点缀来突出重点，创造出新颖的着装效果。

面料：粗格呢、马海毛、磨砂呢、麦尔登呢、羊绒、驼绒、卷绒、驼丝锦及天鹅绒等高级毛料；另外可以经防水及不沾水处理的棉及其混纺制品做衣面，中间填充羽绒；真丝、丝毛类面料也可以作为大衣面料。

图10-44 双排扣两片袖大衣款式

1. 款式特点

①双排扣、翻领、四开身结构、利用刀背缝分割线突出服装的立体感。
②着装在毛衫外属合体型大衣，腰线下微呈A字形。

2. 成品规格160/83A（见表10-7）

表10-7 160/83A 女大衣成品规格

单位：cm

制图部位	胸围	肩宽	衣长	腰围	臀围	袖长	袖口
成品规格	103（+20）	原型肩宽	92(+54)	86(+20)	113(+20)	56	15

3. 原型准备

①后片：肩省合并1/2，后横领开大1cm，由于装垫肩，肩端点抬高1/2垫肩高度加0.5cm。胸围开大3cm，袖窿深开深2cm。
②前片：前中追加0.7cm面料厚度。前横领开大1cm，1/2袖窿省作为松量，另1/2隐藏在刀背缝分割线中，肩端点同样抬高1/2垫肩高度加0.5cm。胸围开大2cm，袖窿深开深2cm。
③其他如图10-45、图10-46所示。

4. 原型应用结构图（如图10-45所示）

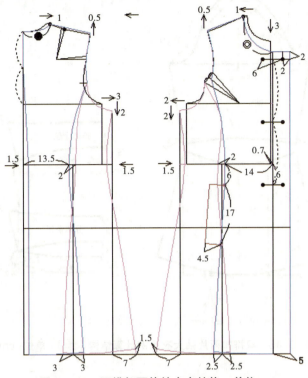

图10-45 双排扣两片袖大衣结构　单位：cm

5. 比例计算结构图（如图10-46所示）

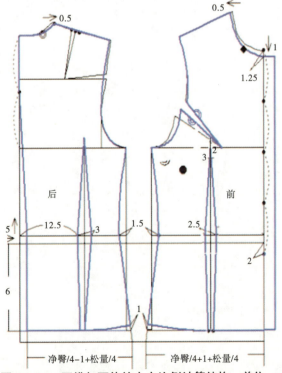

图10-46 双排扣两片袖大衣比例计算结构　单位：cm

第十章

男、女外套的结构设计

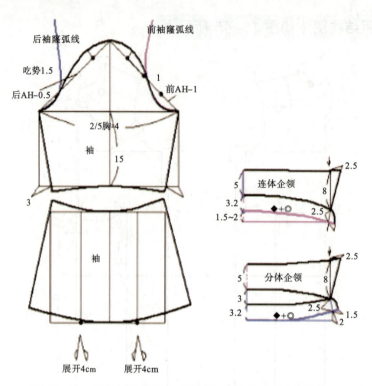

图 10-46　双排扣两片袖大衣比例计算结构（续）　单位：cm